U0370143

网络化智能传感技术
研究与应用

叶廷东　著

科 学 出 版 社
北 京

内 容 简 介

　　本书围绕现代先进传感技术中的网络化、智能化、高准确度监测的特点，系统地介绍网络化传感系统建模设计方法、多传感信息预处理方法、多维传感信息自校正技术、传感网络信息实时预测方法和网络化协同传感等方面的研究成果，并进一步介绍相关实验仿真、系统开发及应用研究进展。

　　本书适合工程技术人员、专业领域本科高年级学生及研究生参考与学习。

图书在版编目（CIP）数据

网络化智能传感技术研究与应用/叶廷东著 . —北京：科学出版社，
2018.5
　ISBN 978-7-03-057235-6

Ⅰ. ①网…　Ⅱ. ①叶…　Ⅲ. ①智能传感器-研究　Ⅳ. ①TP212.6

中国版本图书馆 CIP 数据核字（2018）第 084244 号

责任编辑：胡庆家　张茂发 / 责任校对：邹慧卿
责任印制：张　伟 / 封面设计：铭轩堂

科学出版社 出版
北京东黄城根北街 16 号
邮政编码：100717
http://www.sciencep.com
北京建宏印刷有限公司 印刷
科学出版社发行　各地新华书店经销
*
2018 年 5 月第　一　版　开本：720×1000 B5
2019 年 10 月第二次印刷　印张：13 3/4
字数：280 000
定价：98.00 元
（如有印装质量问题，我社负责调换）

序

科学是从测量开始的，作为测量控制与仪器仪表的前端设备，传感器技术在当今我国国民经济和科学技术发展中的作用日益凸显。传感器是信息数据获取的源头，它是各种现代化智能装备与机器人感知世界的媒介，传感器具备了自己特有的一整套基础理论和技术，包括传感器件及设计、信号转换与处理、检测误差分析、网络化通信等，它的核心作用是信息获取，"精确"是其技术特征，即信息属性完整、量值准确。

传感器及其技术创新发展和应用，与当今国内外仪器仪表学科及产业应用发展领域紧密相连，主要包括：

（1）工业自动化测控技术及工业自动化仪表与控制系统；

（2）科学测量、分析技术及科学仪器；

（3）人体诊疗技术及医疗仪器；

（4）信息计测技术及电测仪器（主要是电子测量仪器和电工测量仪器，包括仪表校验装置和计量基准）；

（5）专用检测技术及各类专用测量仪器；

（6）相关传感器、元器件、材料及技术。

因此，传感器技术涉及国民经济及工业领域的各个行业，它是工业生产的"倍增器"，在高性能制造装备中，传感测量系统的成本已经达到装备总成本的 30%～50%；在现代工程装备中，传感检测环节的成本占 50%～70%；在钢铁、电力中占投资的 10%～15%，宝钢集团有限公司有 1/3 的经费用于购买仪器和自动化控制系统；重大工程项目的投入，传感仪器平均占设备投资的 8%～12%。美国商务部国家标准局分析指出，传感仪器工业占工业总产值的 4%，对国民经济总产值的影响却达 66%。因此，传感器技术与检测仪器在各行业、领域有着"四两拨千斤"的巨大倍增作用。

从产业技术发展的角度，传感器技术将向数字化、智能化、网络化、微型化的方向发展。从用户的需求出发，传感器的智能化程度将会越来越高，与自动控制、机器人等技术相结合，具有自动完成指定测量任务的功能，尽可能地降低人工操作带来的误差和失误；与人工智能等技术相结合，具有自校准、自检测、自诊断、自学习适应等功能，保障产品的可靠性；作为物联网的重要组成部分，传感器将与微机电系统（MEMS）技术、移动互联网技术、云计算技术等新一代信息技术相结合，微型化传感器，高效地将各种测量数据传输到需要的网络服务器或网络节点，同时借助云计算、数据分析和分享能力，充分发挥传感器对社会发展、人类生活改善的应用价值。

当今世界已进入信息时代，信息技术成为推动科学技术和国民经济高速发展的关键技术。传感器技术属于信息获取技术范畴，它与信息传输技术、信息处理技术共同构成当代信息科学技术的三大组成部分。"信息获取"是"信息传输""信息处理"工作的重要基础，传感器技术是获取自然界信息的工具，它是综合计算、网络和物理环境的多维复杂系统的重要关键技术。

随着"中国制造2025""互联网＋""新一代人工智能发展规划"等的提出，国内新经济的发展呼唤"新工科"人才的培养。到2020年，我国新一代信息技术产业、电力装备、高档数控机床和机器人、新材料将成为人才缺口最大的几个专业，其中新一代信息技术产业人才缺口将达到750万人。"缺人才"不只发生在未来，还发生在当下，目前迅猛发展的大数据、物联网、人工智能、网络安全、大健康等新经济领域都出现人才供给不足现象，成为我国工程教育与新兴产业和新经济发展的短板。教育部《教育部高等教育司关于开展新工科研究与实践的通知》（教高司函〔2017〕6号）指出"新工科研究和实践围绕工程教育改革的新理念、新结构、新模式、新质量、新体系开展"，网络化传感器技术在新工科专业发展中将大有作为。

因此，本书针对智能制造的需求，围绕现代先进传感技术中的网络化、智能化、高准确度监测的特点，系统地介绍网络化传感系统建模设计方法、多传感信息预处理方法、多维传感信息自校正技术、传感网络信息实时预测方法和网络化协同传感等方面的研究及其应用，恰逢其时。

本书的相关研究工作得到了中国博士后基金（2013M542157）、广东省自然科学基金（S2012040007521）、广东省教育部产学研结合项目（2007A090302039）、广东省科技计划项目（2015A020214025，2015A070710030）、广州市科技计划项目（201604020049，2013J4100077）、广东轻工职业技术学院省级"千百十工程"人才资助项目（RC2016－005）和创新强校工程项目（2A11105）等的支持，在此表示感谢！同时感谢作者单位广东轻工职业技术学院提供的科研环境，感谢华南理工大学博士生导师刘桂雄教授和广东省科学院的博士后合作导师程韬波研究员的悉心指导。

作　者

2018 年 2 月

目　　录

第1章 网络化智能传感技术基础与研究进展

在现代工业生产和智能制造过程中，要提升产品质量、生产效率，必须对生产制造过程的各环节进行监控以实时了解生产过程中的状态，从而进行反馈、决策和调整达到控制优化的目的。作为现代工业过程检测信息获取的最前端，许多传感器通常存在较大的温度系数差异、非线性的灵敏度特性曲线、响应速度慢、交叉敏感性等问题。同时，很多工业过程本身具有多变量、强干扰、滞后和强耦合等特点，如复杂机械零件制造、乙醇发酵精馏过程等，这些使得过程检测存在一些不可避免的误差。因此，如何实现工业过程的在线、高准确度测量是工业生产自动化领域中的研究热点，同时也是测量控制与仪器仪表产业发展中的综合关键技术。

同时，伴随着物联网信息时代的到来，智能传感技术的功能、内涵得到不断加强和完善，地位也越来越重要，其中综合应用现代传感技术、智能理论与算法、嵌入式技术和通信技术的网络化智能传感理论与应用技术，代表着新型传感理论技术的发展潮流，符合《国家中长期科学和技术发展规划纲要（2006—2020 年）》中的重点领域优先主题。为此，本书针对智能制造与物联网技术应用的需求，围绕现代先进传感技术中的网络化、智能化、高准确度监测的特点，系统地介绍网络化传感系统建模设计方法、多传感信息预处理方法、多维传感信息自校正技术、传感网络信息实时预测方法等方面的研究成果，并进一步介绍相关实验仿真、系统开发及应用研究进展。为了更好地进行阐述，本章将介绍网络化智能传感技术基础与研究进展。

1.1 智能传感器及技术功能特点

1.1.1 智能传感器的概念

智能传感器的概念及雏形是美国宇航局在开发宇宙飞船的过程中形成的。

宇宙飞船需要大量的传感器检测飞船的状态（如温度、湿度、气压、速度、加速度和姿态等），同时，为了保证飞船的正常运行和安全，要求这些传感器精度高、响应快、稳定性好、可靠性高，还要求其具有数据存储与处理、自校准、自诊断、自补偿和远程通信等功能[1]。传统传感器在性能、功能上无法满足上述要求，所以智能传感器由此产生。

现代航空航天、自动化生产、高品质生活等领域对智能传感器的需求量急剧增大，同时微处理器技术、微电子技术、人工智能理论等快速发展，极大推动了智能传感器的飞速发展，智能传感技术已成为现代测控技术的主要发展方向之一。目前，智能传感器广泛应用于航空航天、国防、现代工农业、医疗、交通、智能家居等领域。

智能传感器在发展的同时，其功能、内涵得到不断的加强和完善，所以智能传感器至今尚无统一、确切的定义。但是，业界普遍认为智能传感器是利用传感技术和微处理器技术，在实现高性能检测的基础上，还具备记忆存储、信息处理、逻辑思维、推理判断等智能化功能的新型传感器。如图1-1所示，智能传感器已具备了人类的某些智能思维与行为。人类通过眼睛、鼻子、耳朵和皮肤感知获得外部环境多重传感信息，这些传感信息在人类大脑中归纳、推理并积累形成知识与经验；当再次遇到相似外部环境时，人类大脑根据积累的知识、经验对环境进行推理判断，做出相应反应。智能传感器与人类智能相类似，其传感器相当于人类的感知器官，其微处理器相当于人类大脑，可进行信息处理、逻辑思维与推理判断，存储设备存储"知识、经验"与采集的有用数据。

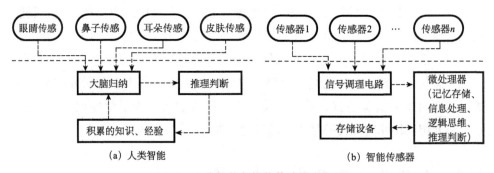

图1-1 人类智能与智能传感器类比图

1.1.2 智能传感器的基本结构

智能传感器主要由传感器、微处理器及相关电路组成，其基本结构框图如

图 1-2 所示。传感器将被测的物理、化学量等转换成相应的电信号，送到信号调理电路中，经过滤波、放大、模-数转换等信号调理处理后送到微处理器。微处理器对接收的信号进行计算、存储、数据分析和处理后，一方面通过反馈回路对传感器与信号调理电路进行调节以实现对测量过程的调节和控制，另一方面将处理后的结果传送到输出接口，经过接口电路的处理后按照输出格式输出数字化的测量结果。其中，微处理器可以是微控制器（Microcontroller Unit，MCU）、数字信号处理器（Digital Signal Processing，DSP）、专用集成电路（Application-Specific Integrated Circuit，ASIC）、现场可编程逻辑门阵列（Field-Programmable Gate Array，FPGA）、微型计算机。

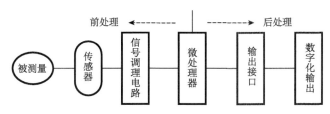

图 1-2　智能传感器的基本结构框图

1.1.3　智能传感器技术功能特点

首先，通过图 1-3 所示的智能称重传感器系统来认识智能传感器技术的功能特点。称重传感器将被测目标的重量转换为电信号，经过模-数转换为数字信号后输入单片机，此时测量的目标重量电信号受温度、非线性等因素的影响，并不能较准确地反映目标的真正重量。所以，智能称重传感器可以加入温度传感器测量环境温度，同样通过模-数转换为电信号输入单片机。存储设备中存储有用于非线性校正的数据。称重传感器测得的目标重量数据经过单片机进行计算处理、消除非线性误差，同时根据温度传感器测得的环境温度进行温度补偿、零点自校正、数据校正，并将处理后的数据存入存储设备中，还可以在显示设备上显示，以及通过 RS-232，USB 等接口与微型计算机进行数字化双向通信。

可见，由于智能传感器引入了微处理器进行信息处理、逻辑思维、推理判断，使其除了传统传感器的检测功能外，还具有数据处理、数据存储、数据通信等功能，其功能已经延伸至仪器的领域，具有如下功能特点。

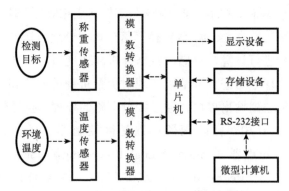

图 1-3 智能称重传感器系统原理框图

(1) 自校零、自标定、自校正、自适应量程功能。

这是智能传感器技术的重要功能之一。操作者输入零值或某一标准量值后，智能传感器中自动校准软件可以自动对传感器进行在线校准。智能传感器还可以通过对环境的判断自动调整零位和增益等参数，可以根据微处理器中的算法和 EPROM 中的计量特性数据与实测数据对比校对和在线校正。甚至，部分智能传感器可以根据不同测量对象自动选择最合适量程，以获取更准确的测量数据。

(2) 自补偿功能。

智能传感器技术可以自动对传感器的非线性、温度漂移、时间漂移、响应时间等进行有效补偿，这也是智能传感器技术的重要功能之一。智能传感器利用微处理器对测量的数据进行计算，采用多次拟合、差值计算或神经网络方法对漂移和非线性等进行补偿，从而获得较精确的测量结果。

(3) 自诊断（自检）功能。

智能传感器在上电及工作工程中可以进行自检，利用检测电路或算法检查硬件资源（包括传感器和电路模块）和软件资源有无异常或故障。其中，传感器故障诊断是智能传感器自诊断技术的核心内容，对于传感数据异常、硬件故障需及时报警，并实现故障定位、故障类型判别，以便采取相应措施。常用的传感器自诊断方法包括硬件冗余诊断法、基于数学模型的诊断法、基于信号处理的诊断法和基于人工智能的故障诊断法（包括基于专家系统的诊断法和基于神经网络的诊断法）。

(4) 信息处理与数据存储记忆功能。

智能传感器技术利用微处理器及其中的算法可以对采集的数据进行预处理

（如剔除异常值、数字滤波等），可以对数据进行统计分析、数据融合，甚至逻辑推理、判断。智能传感器也可以存储各种信息，如校正数据、工作日期等。

（5）双向通信和数字输出功能。

数字式双向通信是智能传感器关键标志之一。智能传感器的微处理器不仅能接收、处理传感器的测量数据，也能将控制信息发送至传感器，在测量过程中对传感器进行调节、控制。智能传感器的标准化数字输出接口可与计算机或接口总线方便连接，进行通信与信息管理，可以与计算机或网络适配器连接进行远程通信与管理。

（6）组态功能。

智能传感器中可设置多种模块化的硬件和软件，用户可通过微处理器发出指令，改变智能传感器的硬件模块和软件模块的组合状态，完成不同的测量功能。

由于智能传感器技术具有以上功能，使得它与传统传感器相比，具有如下特点。

（1）测量精度高。

智能传感器技术具有自校零、自校正、自适应量程、自补偿和数字滤波等多项新技术，可以有效修正各种确定性系统误差和一定程度补偿随机误差，降低噪声，大大提高了测量精度。

（2）可靠性和稳定性高。

集成式智能传感器消除了传统电路结构的某些不可靠因素，提高了抗干扰性能；同时，智能传感器技术能定时或不定时对软硬件资源进行自诊断，对于异常情况或故障能及时报警或处理，甚至自恢复，这些都大大提高了智能传感器的可靠性和稳定性。

（3）性价比高。

与普通传感器相比，智能传感器更容易实现，而且其使用低价的微处理器、集成电路工艺和编程技术实现，其具有更高的性价比。

（4）智能化、多功能化。

智能传感器技术由于采用微处理器及相关算法，使其具有某些与人类相似的智能思维与行为，实现多种提高测量性能、简化操作的功能。

1.2 典型的智能传感技术及发展趋势

1.2.1 IEEE 1451 网络化智能传感技术

为了解决智能传感器总线标准兼容性、通用性差的问题，统一不同智能传感器接口与组网协议，美国国家标准与技术研究院（NIST）和国际电子电气工程师协会 IEEE 组织制定了 IEEE 1451 智能变换器（包括传感器与执行器）接口系列标准，使智能传感器具有互换性、互操作性及即插即用。IEEE 1451 网络化智能传感技术已经是智能传感技术的主要发展趋势之一。

（1）IEEE 1451 智能传感器技术概述。

制定 IEEE 1451 标准的目标是开发一种软、硬件的连接方案，使变换器同微处理器、仪器系统或通信网络相连接，该标准不仅实现智能传感器支持多种通信网络，还允许用户根据实际情况选择不同厂家传感器和网络（有线或无线），通过该标准特有的变换器电子数据表格（Transducers Electronic Data Sheet，TEDS）实现传感器的"即插即用"，最终实现不同厂家产品的互换性与互操作性。IEEE 1451 的特点在于：①软件应用层可移植性；②应用网络独立性；③传感器互换性，可使用"即插即用"方案将传感器连接到网络中。

迄今为止，IEEE 1451 系列标准已有 IEEE 1451.0 到 IEEE 1451.7 共八个子标准，分为软件接口、硬件接口两大类。软件接口部分由 IEEE 1451.0 和 IEEE 1451.1 组成，定义了通用功能、通信协议及电子数据表格式，以加强 IEEE 1451 系列标准之间的互操作性；硬件接口部分由 IEEE 1451.x（x 代表 2～7）组成，针对具体应用对象和传感器接口，包括点对点接口 TII（Transducer Independent Interface）/UART/RS-232/RS-485/RS-422/USB（IEEE 1451.2 及 IEEE P1451.2）、多点分布式接口 HPNA（Home Phoneline Networking Alliance，IEEE 1451.3）、数-模信号混合模式接口（IEEE 1451.4）、无线接口 Bluetooth/ZigBee/IEEE 802.11/6LoWPAN（IEEE 1451.5）、CAN 总线接口（IEEE P1451.6）、RFID 接口（IEEE 1451.7），图 1-4 是 IEEE 1451 标准族，表 1-1 是 IEEE 1451 系列标准体系和特征。IEEE 1451 标准将网络化智能传感器划分为网络适配器（Network Capable Application Processor，NCAP）、智能变换器接口模块（Transducer Interface Module，TIM），两者通过 IEEE 1451.x（x 代表 2～7）传感器接口连接。

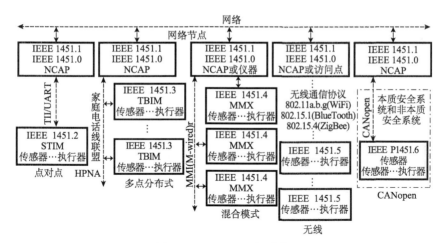

图 1-4 IEEE 1451 标准族

表 1-1 IEEE 1451 系列标准体系和特征

代号	名称与描述	状态	TIM 到 NCAP 通信	NCAP 与外部网络通信	1451.0 兼容	主要特点
IEEE 1451.0-2007	智能变换器接口标准	颁布标准	所有	是,NCAP	是	定义了 IEEE 1451 所有成员接口的通用特征
IEEE 1451.1-1999	网络适配器信息模型	颁布标准	—	—	否	网络与 NCAP、NCAP 与 NCAP、NCAP 与 TIM 之间通信:面向对象软件提纲
IEEE 1451.1 (修订)	网络适配器信息模型	修订中	—	—	是	网络与 NCAP、NCAP 与 NCAP、NCAP 与 TIM 之间通信:面向对象软件提纲
IEEE 1451.2-1997	变换器与微处理器通信协议和 TEDS 格式	颁布标准	增强的 SPI 接口和协议	是,NCAP	否	点对点、NCAP 与 TIM 通信采用增强的 SPI
IEEE 1451.2 (修订)	变换器与微处理器通信协议和 TEDS 格式	修订中	UART RS-232 RS-422 RS-485	是,NCAP	是	点对点、NCAP 与 TIM 通信采用通用的串行通信标准
IEEE 1451.3-2003	多点分布式系统数字通信与 TEDS 格式	颁布标准	HPNA	是,NCAP	否	多点分布式、高速内部总线
IEEE 1451.4-2004	混合模式通信协议和 TEDS 格式	颁布标准	MAXIM/Dallas 单线通信协议	否	否	低成本小容量 TEDS,利用现有的模拟传感器
IEEE 1451.5-2007	无线通信协议和 TEDS 格式	颁布标准	无线通信——蓝牙、802.11 和 802.15.4	是,NCAP	是	TIM 与 NCAP 采用无线通信协议

续表

代号	名称与描述	状态	TIM 到 NCAP 通信	NCAP 与外 部网络通信	1451.0 兼容	主要特点
IEEE P1451.6	CANopen 协议 变换器网络接口	开发中	CANopen 通信协议	是，NCAP	是	TIM 与 NCAP 采用无线通 信协议，应用于本质与非 本质安全系统
IEEE P1451.7	RFID 系统通信协 议和 TEDS 格式	开发中	RFID 系统 通信协议	是，NCAP	是	处理 RFID 基础结构中的传 感器的整合问题

注：本表状态参考数据至 2010 年 7 月。
资料来源：NIST 的 IEEE 1451 标准工作组。

（2）IEEE 1451 网络化智能传感器结构。

图 1-5 是 IEEE 1451 网络化智能传感器结构。为使智能功能接近实际测控点和适应不同通信网络，IEEE 1451 标准将网络化智能传感器划分为网络适配器 NCAP 和智能变送器接口模块 TIM，两者通过 IEEE 1451.x（x 代表 2~7）传感器接口连接。NCAP 主要功能是实现网络通信、传感数据校正等，网络管理单元通过 NCAP 访问 TIM。TIM 是 NCAP 与传感器之间实际连接部件，最多连接 255 个传感器，完成信号调理、模拟数字信号转换（A/D，D/A）、TEDS 定义等功能。传感器接口、TEDS 是实现网络化智能传感器即插即用功能的核心技术，TEDS 用于系统地描述 STIM 及各传感通道的类型、参数、操作方式和属性。NCAP 中校正引擎用于对传感数据进行校正。

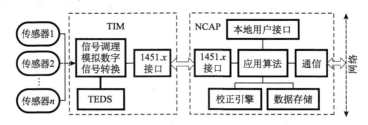

图 1-5　IEEE 1451 网络化智能传感器结构

（3）IEEE 1451 网络化智能传感器技术应用实例。

邻苯二甲酸酐（Phthalic Anhydride，$C_8H_4O_3$）是重要的工业原材料，主要生产原料是邻二甲苯（Ortho-xylene），生产工艺是在反应釜内使用空气进行固定床催化氧化连续生产。要获得稳定产品质量，必须严格控制反应釜进料速度、温度及压力等反应参数。下面利用 IEEE 1451 网络化智能传感技术实现邻苯二甲酸酐反应釜智能传感控制系统，如图 1-6 所示，该系统主要包括 STIM，

NCAP 和各种传感器，STIM 和 NCAP 通过 IEEE 1451.2 接口 TII 进行通信。

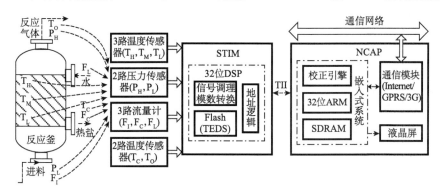

图 1-6　IEEE 1451 的邻苯二甲酸酐反应釜智能传感控制系统

IEEE 1451 的邻苯二甲酸酐反应釜智能传感控制系统利用 3 路温度传感器检测反应釜中温度量（高位温度 T_H，中位温度 T_M，低位温度 T_L），2 路压力传感器检测反应釜压力量（釜顶压力 P_H，釜底压力 P_L），3 路流量计检测物料流量（进料流量 F_I，盐接收速率 F_C，冷却水速率 F_L），另外 2 路温度传感器分别检测冷盐温度量 T_C 及反应气体温度量 T_O 等，传感器检测的这些物理量输入 STIM 进行数据处理。考虑到传感量多及数据融合的复杂性，STIM 微处理器采用 TI 公司工业级的 32 位 DSP，DSP 连接各种传感器，并完成信号调理及模数转换，其 Flash 存储器可存储 TEDS 及传感数据，地址逻辑结合 TII 将不同传感数据或融合数据发送至 NCAP。NCAP 包括嵌入式系统、无线通信模块（Internet/3G/GPRS 等）和液晶屏等，其中嵌入式系统采用三星公司 32 位嵌入式 ARM 处理器，该处理器利用校正引擎完成数据校正，将校正数据存储在同步动态随机存储器（Synchronous Dynamic Random Access Memory，SDRAM）中，NCAP 利用通信模块发送传感数据或接收控制命令。

1.2.2　模糊传感器技术

（1）模糊传感器技术概述。

模糊传感器是在 20 世纪 80 年代末出现的术语，当时有学者提出一种超声模糊传感器，其描述距离测量结果为"远""近"等自然语言。传统传感器是数值传感器，它以定量数值来描述被测量的状态。随着测量应用的不断扩大与深化，传统传感器数值输出形式已不能满足某些应用，例如，对于放进洗衣机清洗的衣服，无须精确描述衣服的数量或重量，而是以"很多""多""不多""很少"

来描述，并确定注水量及洗衣粉使用量；大多数人对于天气描述中的气温、湿度、风速、PM2.5 浓度等指标没有清晰的概念，人们更习惯于用"舒适""较为舒适""不舒适"之类的自然语言描述天气舒适度状况。由于这类以自然语言输出的测量需要不断扩大，模糊传感器技术应运而生并快速发展起来。

模糊传感器技术是在传统传感器数值测量的基础上，经过模糊推理与知识集成，以自然语言符号描述形式输出测量结果的智能传感器技术。所以，模糊传感器技术具有智能传感器感知、学习、推理、通信等基本功能，其中学习功能是模糊传感器特殊而重要的功能，例如，检测天气舒适度的模糊传感器需结合温度、湿度、风速等气象要素对人体综合作用，表征人体在大气环境中舒适程度。首先，该模糊传感器要学习、积累各种气象要素对人体舒适度的影响程度的大量知识；其次，以此为基础并结合检测的各种气象参数，进行逻辑推理判断，再将测量结果以自然语言形式输出。

（2）模糊传感器的结构。

模糊传感器的逻辑结构如图 1-7 所示，主要由信号检测与处理单元、数值-符号转换单元、知识库、数据库、模糊概念合成单元和符号/语言输出单元组成。信号检测与处理单元利用传统传感器检测被测物理量，再进行信号处理（包括信号放大、滤波、模数转换；如果是多传感信息，还需进行多信息融合以获得高选择性、高稳定性的测量数值）。输入数值-符号转换单元接收处理后的测量数值，在知识库、数据库的指导下，完成从测量数值到符号的转换，并输入模糊概念合成单元，模糊概念合成单元结合知识库完成最后推理，输出结果到知识库（返回结果形成学习知识）及符号/语言输出。

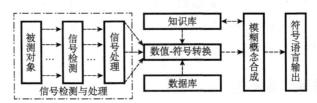

图 1-7　模糊传感器的逻辑结构

（3）模糊传感器技术应用实例。

目前，模糊传感器技术已应用于家用电器等领域，如模糊控制洗衣机中布量检测、水位检测、衣物污秽程度检测，电饭锅中水量、饭量检测等。另外，模糊距离传感器、模糊温度传感器、模糊色彩传感器等也研制成功并获得应用。模糊洗衣机控制模块组成如图 1-8 所示，模糊洗衣机控制系统通过各种传感器检测水温、衣物量、衣物质、衣物污秽程度，微控制单元（MCU）在这些传感数据的基础上，利用知识库、模糊推理推断出漂洗方式、注水量、洗涤时间、水流强度、脱水时间，再控制相应执行器执行相应参数和动作。

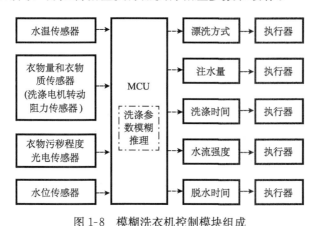

图 1-8　模糊洗衣机控制模块组成

1.2.3　多传感器数据融合技术

（1）多传感器数据融合技术概述。

多传感器数据融合技术形成于 20 世纪 80 年代，目前已成为研究热点。多传感器数据融合技术是利用计算机对多个同类或不同类传感器检测的数据，在一定准则下进行分析、综合、支配和使用，消除多传感器信息之间可能存在的冗余和矛盾，加以互补，降低其不确定性，获得对被测对象的一致性解释与描述，形成对应的决策和估计的智能传感器。多传感器数据融合技术包含多传感器融合和数据融合。

多传感器融合是指多个基本传感器空间和时间上的复合设计和应用，常称多传感器符合。多传感器融合能在极短时间内获得大量数据，实现多路传感器的资源共享，提高系统的可靠性和鲁棒性（宽容性，在自然或人为异常和危险情况下系统的生存能力）。多传感器融合有 4 个级别，如表 1-2 所示。

表 1-2　多传感器融合级别

级别	复合类型	特征	实例
0	同等式	1. 各个分离的传感器集成在一个平台上； 2. 每个传感器的功能独立； 3. 各传感器的数据不互相利用	1. 导航雷达 2. 夜视镜

续表

级别	复合类型	特征	实例
1	信号式	1. 各个分离的传感器集成在一个平台上； 2. 各传感器的数据可用来控制其他传感器工作	1. 遥控和遥测 2. 炮瞄雷达
2	物理式	1. 多传感器组合为一个整体； 2. 多传感器位置明确； 3. 共口径输出数据； 4. 各传感器的数据可用来控制其他传感器工作	1. 交通管制 2. 工业过程监控
3	融合式	1. 各传感器数据的分析相互影响； 2. 处理后的整体性能优于各传感器的简单相加； 3. 结构合成是必需的	1. 机械手 2. 机器人

数据融合也称信息融合，是指利用计算机对获得的多个信息源信息，在一定准则下加以自动分析、综合，以完成所需的决策和评估任务而进行的信息处理技术。数据融合按层次由低到高分为数据层融合、特征层融合和决策层融合三个融合层次。

（2）多传感器数据融合技术的一般流程。

多传感器数据融合技术的一般流程如图 1-9 所示，首先利用多传感器系统检测目标各方面，之后对这些数据进行预处理，得到有用信息，再进行特征提取和融合计算，得到数据融合结果并输出。其中，特征提取和融合计算是关键技术，多传感器数据融合的常用方法基本上可分为随机和人工智能两大类，随机类方法有加权平均法、Kalman 滤波法、多贝叶斯估计法、Dempster-Shafer（D-S）证据推理、产生式规则等；而人工智能类则有模糊逻辑理论、神经网络、粗集理论、专家系统等。可以预见，神经网络和人工智能等新概念、新技术在多传感器数据融合中将起到越来越重要的作用。

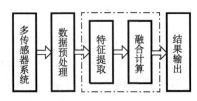

图 1-9　多传感器数据融合技术的流程

（3）多传感器数据融合技术的应用。

在军用领域，数据融合已经应用到监视、对空防御、电子对抗、指挥系统等；在民用领域，数据融合已经应用到智能机器人、遥感、医疗等。这些是目前数据融合应用的较为成熟的领域，另外还有很多其他新的应用在不断地呈现出来。1.2.1 小节中 IEEE 1451 的邻苯二甲酸酐反应釜智能传感控制系统和 1.2.2 小节中洗衣机模糊控制模块均会应用到多传感器数据融合技术。

1.2.4　智能传感技术发展趋势

传感器技术行业的发展已经进入了一个新的时代，网络传感器、生物传感器、纳米传感器、石墨烯传感器等更尖端的传感器已进入国内市场，进入我们的生活。当前技术水平下的传感技术及系统正向着微小型化、智能化、多功能化和网络化的方向发展。今后，随着 CAD 技术、MEMS 技术、人工智能技术、信息理论及数据分析算法的继续向前发展，未来的传感器系统必将变得更加网络化、微型化、综合化、多功能化、智能化和系统化。

随着云计算、物联网、大数据、人工智能等的发展，"云物数智"时代，传感器技术的网络化和智能化是必然的趋势，但在传感器的应用中，传感器往往在不同网络中存在兼容性和不同厂商产品之间的互换性差，影响应用开发的效率。针对传感器兼容性、互换性较差以及各种网络检测控制系统的建模与快速协同构建问题，国内外学者基于 IEEE 1451 标准，开展了大量的研究。为了高效构建 IEEE 1451 的网络化智能传感系统，面向对象（Object Oriented，OO）建模方法已逐步引入到传感系统建模中，并且已表现出对网络化智能传感系统构架定义、扩展的方便性及优越性，通过对传感系统构架的面向对象的描述，可加快传感系统开发、提升传感系统功能。基于 IEEE 1451 标准的网络化智能传感器技术代表了下一代传感技术的发展方向。

不管是在何种应用、何种场合下，实现在线、高准确度测量是传感检测技术的关键，这其中通常涉及有效的高准确度建模及校正方法。工业过程信息建模是一个复杂系统的建模问题，不管是采用基于机理分析建模或采用基于黑箱建模，通常需要先进行传感信息预处理，以抓住问题的主要矛盾，然后再进行传感信息建模；在传感信息处理过程中，为了更准确地描述复杂的检测对象、提高测量准确度，研究多传感信息预处理、综合诸多模型优点的多维多模型建模与自校正方法，在网络化、智能化时代仍然是热点研究内容之一。

随着网络化系统的深入，网络传感在传输的过程中必然带来延时与抖动，同时还涉及大规模网络化检测终端之间的协同问题，因此，引入协同学理论，研究传感信息传输与预测、多传感网络化协同测量技术，对实现大的感知任务和提高传感系统的可扩展性、鲁棒性、传感检测准确度和可靠性具有重要作用。

1.3 网络智能传感技术相关研究现状

在传感技术网络化、智能化的过程中，智能传感系统建模方法、多传感信息预处理技术、多传感信息建模自校正方法、传感信息传输与实时预测方法和网络化协同感知技术，往往是应用中的共性关键技术，下面将逐个介绍其国内外研究现状。

1.3.1 智能传感系统建模方法

近年来，围绕智能传感系统的建模方法主要有：统一建模语言（Unified Modeling Language，UML）建模、Petri 网建模、高速集成电路硬件描述语言（Very-High-Speed Integrated Circuit Hardware Description Language，VHDL）建模、传感器建模语言（Sensor Model Language，SensorML）建模、设备描述语言（Device Description Language，DDL）建模、换能器标记语言（Transducer Markup Language，TML）建模、设备工具 Device Kit 建模等。表 1-3 为不同智能传感系统建模方法特性比较表。

表 1-3　不同智能传感系统建模方法特性比较表

建模方法	UML	Petri 网	VHDL	SensorML	DDL	TML	设备工具 Device Kit
编码	图形化语言、五种类图	图形化语言数学描述	硬件描述语言	XML	XML	XML	XML
设计思想	面向对象	形式化	模块化	面向数据	面向数据	面向数据	模块化
适用设备	元件、模块、系统	元件、模块、系统	元件、模块、系统	处理链	单设备，跨层	转换器	多层
基本组件	元模型	库所、变迁、有向弧、令牌	实体	处理链/传感器系统	设备	转换器	设备
数据类型	复杂	简单	简单	复杂	简单	复杂	简单
支持软件	Rational Rose，Borland Together，Visio 等	CPN tool，PIPE，DSP-N express	ISE，ModelSim，MAX＋plus 等	SensorML Editor，SensorModel	DDL 处理器 Atlas 发生器	N/A	DKML 语言解析器和插件程序

续表

建模方法	UML	Petri	VHDL	SensorML	DDL	TML	Device Kit
验证分析	不能	可验证分析	有限的验证	有限的验证	不能	不能	不能
整体性能	面向对象，提供模块化、可视化支持，静态描述，缺少严格数学描述	适合于描述异步的、并发的系统模型，形式化建模，具有丰富的系统描述手段和行为分析技术	行为描述能力强大，支持自底向上、自顶向下的设计，也支持模块化、层次化设计	以处理为基本要素，用处理链将各种处理组合在一起，侧重功能模型	支持自动的设备一体化，有一个跨层设计，仅仅关注设备接口连接	侧重功能模型，提供高效传感器数据转换模型，用于时间空间数据融合	定义硬件设备应用接口，提供抽象的一般模型，将设备信息和设备本身结合

从表 1-3 中，可以看出：①不同智能传感系统建模方法的整体特征、应用范围差别较大，测量与控制、静态描述是所有建模方法支持的功能；②面向对象建模（UML 方法）、Petri 网建模支持的功能范围最为全面，更适合于大规模的复杂系统建模，而其他建模方法不同时具备模型验证、分析功能或仅有有限的验证功能，不能反映系统模型性能；③面向对象建模支持系统全过程开发，以面向对象方式描述任何类型的系统，将可为复杂智能传感器建模提供全面解决方案。

围绕面向对象的建模方法，美国国家标准技术研究所 Kang Lee 等采用 UML 构建智能传感系统模型，利用数据模块、对象模块定义智能传感器属性、操作等信息，侧重于 IEEE 1451.1 子标准功能实现，基于该模型搭建的污水治理系统验证建模方法有效性[2]；Sorribas J 等基于面向对象方法、利用网络化智能传感器节点，成功地构建一套大型分布式海洋舰艇传感器测控平台[3]；如图 1-10 所示，张辉、翟红生利用面向对象建模语言建立一种传感器测控系统需求模型，并分别对系统中的硬件模块提出设计思路[4]；Song E Y 等用面向对象的传感建模方法开发一种基于 IEEE 1451.0 的智能传感器 Web 服务（STWS），采用 WSDL（Web Service Description Language）描述，并建立相应原型系统，获得良好扩展性[5-7]。美国波音公司采用面向对象建模方法研发航空测试评估系统，能够完成 NCAP 间的数据时间标记、系统记录、遥测和实时处理等功能[8]。华南理工大学利用面向对象建模方法从用例建模、顺序描述和系统部署三个层面构建智能传感器系统模型，并开展了智能传感系统的构建应用，减少开发时间[9,10]。

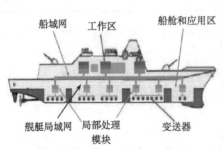

图 1-10　大型分布式海洋传感器测控平台

　　从智能传感系统面向对象建模方法的研究进展可以看出：对传感器进行面向对象建模，可支持智能传感器的全过程开发，可描述任何类型的系统，可为复杂智能传感器建模提供全面解决方案，通过对传感器构架的面向对象描述，可加快传感器开发、提升传感器功能，但目前仍集中在应用单一子标准下建模，建模通用性还显不足。

　　随着技术的发展，传感器正从传统传感器向新型智能传感器方向发展，新型传感器，如激光、超声、光纤、生物传感器等得到了逐步深入的应用，比如：美国 NASA 将光纤传感器埋入碳纤维复合材料飞机蒙皮，利用智能传感建模技术、先进的信号处理技术、失效计算方法、信号质量分级与评价方法、损伤识别技术等，实现飞机材料的结构健康监测[11]。吉林大学针对低含量物质、外部变量作用和复杂基质下目标物质检测的关键问题，研究了复杂条件下应用短波近红外技术的多元 PLS 建模方法，实现了制药厂污水中的磺胺类抗生素的快速检测[12]。浙江大学针对注塑成型过程中模腔压力的检测，提出了基于超声回波信号的模腔压力软测量方法。以模腔压力为主导变量，以超声回波信号幅值、模具温度以及油缸压力为辅助变量建立了软测量模型，实现了模腔压力的在线超声检测[13]。天津大学针对复杂混合溶液的成分检测，提出了一种基于多维漫反射光谱技术的浓度检测方式，通过信号中携带的不同成分的多种光学性质，用偏最小二乘回归算法对单点和多点漫反射光谱信号进行建模与预测[14]。

　　从各种新型智能传感器的应用研究现状可以看出：新型网络化传感方式和器件在大、中、小型制造生产工业中都有广泛应用，但要实现准确检测，其核心是智能建模方法的研究；另外结合面向对象的传感建模方法，开展传感器信号自校正方法的研究目前还少有人涉及。

1.3.2　多传感信息预处理技术

由于信息预处理技术可以进行数据归约,实现数据空间的降维,所以在建模领域它一直是研究热点,国内外许多学者开展大量的研究工作,并取得许多研究成果。目前比较流行的信息预处理方法主要有:主成分分析(Principal Component Analysis,PCA)、偏最小二乘法(Partial Least Square,PLS)、辨别分析法(Discrimination Analysis,DA)和聚类分析法(Cluster Analysis,CA)等,其中 PCA,PLS 在传感信息处理领域应用较多,下面将重点介绍 PCA,PLS 的相关研究进展。

PCA 方法是由著名学者 Pearson 在 1901 年首次提出,它将过程变量空间表示为变量子空间和残差子空间,方便实现系统的辨识、故障识别等功能,体现出适应性强、易于实现、较强降维能力的特点。从 20 世纪 90 年代开始至今,国内外出现了很多以此为主要内容的研究成果,并且在监控领域得到了大量的应用。例如,西班牙学者 Perera A 等将 PCA 应用于气体传感器阵列的信息预处理中,提高气体的识别准确率[15];英国学者 Rivara N 等研究 PCA 与神经网络的混合建模方法,提高建模的效果和准确度[16];日本学者 Katsube T 等将 PCA 方法应用在嗅觉、味觉传感器中,实现对检测目标的融合建模[17]。PCA 在这些应用中的共同特点是:在保留测试数据最大信息量的基础上,使用 PCA 实现数据的有效降维和消除样本间的互相关性,实现对检测目标准确建模与识别。由于 PCA 只考虑了过程自变量 x 的测试数据 X,它在提取主元时完全撇开因变量 y,大大减少主元对因变量的解释能力。若要同时考虑过程自变量的测试数据 X 和因变量的测试数据 Y,可以采用 PLS。

PLS 由瑞典学者 Wold H 在 20 世纪 60 年代中首先提出,Geladi,Kowalski,Hoskuldsson 和 Lorber 等学者对其进一步完善和发展。PLS 的特点是在选取特征向量时强调输入对输出的解释预测作用,去除对回归无益的噪声,使模型比 PCA 方法在少用因子的情况下达到最小均方误差,并且实现非模型方式的数据认识性分析和模型优化分析,体现出非常好的拟合性能。十几年来,PLS 已经得到广泛地应用。在传感检测应用中,美国学者 Karthikeya J M 等将 PLS 与神经网络结合,取得了良好的建模效果[18];浙江大学的梁军和新加坡学者 Wang D 等将 PLS 方法应用在质量在线预测当中,通过数据降维处理和回归分析,建立了过程变量与质量变量之间的模型;上海交通大学的蔡艳等利用 PLS 方法对弧焊过程检测到的参数进行特征提取,克服了输入变量间的多重相关性,建立了弧焊过程稳定性在线评价模型[19]；西班牙学者 Artime C E C 等[20]、香港学者 Zhang B 等[21]、浙江大学的徐惠荣等[22]利用光谱分析方法分别实现对鲜牛奶、巧克力和水蜜桃糖度的在线、快速测量。由于工程应用中各维信息经常存在非线性问题，而 PLS 仅适用于线性模型，势必在应用中造成较大偏差。为此，Wold S 等在 1989 年开创性的将非线性变换引入 PLS[23]，先后提出了PLS-Ⅰ 和PLS-Ⅱ非线性模型，并由此引发国内外众多学者对非线性 PLS 进行探索研究的兴趣，产生了很多非线性 PLS 方法[24]。

目前对非线性 PLS (Nonlinear PLS，NPLS) 的研究主要集中在下面两类方法：基于外部样本变换的 NPLS 方法（外模型 NPLS 方法）和基于内部非线性映射的 NPLS 方法（内模型 NPLS 方法）。

（1）外模型 NPLS 方法。

外模型 NPLS 方法主要采用解释变量（自变量）的一种多项式形式拟合反应变量（因变量），接着对解释变量 x_i ($i=1$, 2, $\cdots$, p) 的多项式作非线性到线性变换，然后再用线性的 PLS 方法处理模型。主要有基于线性多项式的 NPLS、基于 Chebyshev 多项式的 NPLS 和基于机理变换的 NPLS 回归方法。

基于线性多项式的 NPLS 回归方法的原理是在解释变量矩阵 X 中添加一个非线性部分，它由各解释变量的高阶项和交积项组成。一般表达式为

$$y = \beta_0 + \sum_{k=1}^{q} \beta_k x_1^{k_1} x_2^{k_2} \cdots x_p^{k_p} + \varepsilon \tag{1-1}$$

其中 k_1, k_2, $\cdots$, k_p 为非负整数，ε 为随机误差。令 $X_k = x_1^{k_1} x_2^{k_2} \cdots x_p^{k_p}$，使得模型表达式 (1-1) 变成线性模型：

$$y = \beta_0 + \beta_1 X_1 + \beta_2 X_2 + \cdots + \beta_q X_q + \varepsilon \tag{1-2}$$

再对式 (1-2) 利用 PLS 建立 y 与 X_1, X_2, $\cdots$, X_q 的线性模型，最后将关于 X_1, X_2, $\cdots$, X_q 的线性模型还原为关于 x_1, x_2, $\cdots$, x_p 的多元多项式模型。其中常用的有通过增加平方项（x_1^2, x_2^2, $\cdots$, x_n^2）和它们各自的交积项（x_1x_2, x_2x_3, $\cdots$, x_nx_1），从而得到新矩阵 X 的方法。从基于线性多项式 NPLS 算法的原理看，它适用于非线性程度不太高的情况，与线性 PLS 方法相比，它较好地改善了拟合效果，扩展了应用范围，并且该算法保留了 PLS 方法的完整性，具有简便易行的特点，可得到较为简洁健壮的模型；由于它将解释变量和反应变量的关系设定为线性多项式，在应用中并不一定与实际体系相符，因此该算法的应用普适性有待提高。

基于 Chebyshev 多项式的偏最小二乘法 (Cheb-PLS) 是为提高外模型

NPLS 方法的拟合准确度，在进行自变量 X 矩阵的非线性变换时，采用具有最佳一致逼近性能的 Chebyshev 多项式进行变换。与基于线性多项式 NPLS 方法相比，Cheb-PLS 拟合预测效果更好，稳健性也有所提高，但它在解释变量数目较大时，高次项数目会呈指数增长，算法的建模速度将明显减慢。

基于机理变换的 NPLS 方法是外模型 NPLS 方法在应用中，为了适应不同的目标体系所发展的另一种方法，它是根据检测目标本身的机理来选择不同的非线性项进行模型拟合，通过机理关系的引入，可使模型的物理意义更加明确，计算更简化。

（2）内模型 NPLS 方法。

外模型 NPLS 方法在外部回归时，存在难以确定添加非线性项阶次的问题，易造成模型拟合欠佳的后果。为使 NPLS 方法具有很好的性能，Wold S 等提出改进非线性 PLS 算法，它每次对从自变量 X 和因变量 Y 中提取的 t_i 和 u_i 成分实施非线性映射，即进行内部成分映射的非线性化。随后，国内外学者针对不同的应用，提出很多对内部映射进行改造的 NPLS 算法。根据内部非线性映射函数的不同，可以分为基于多项式非线性关系的偏最小二乘法、基于样条函数内部映射的偏最小二乘法、神经网络-偏最小二乘法、遗传-偏最小二乘法、模糊-偏最小二乘法、核函数-偏最小二乘法等方法。

在实际应用中选择哪种非线性内部映射函数，需要根据算法的非线性表示能力、稳健性、计算实时性等方面进行综合考虑。如果要突出 NPLS 的非线性映射能力，可选择神经网络-偏最小二乘法；如果要突出算法的稳健性，则选择遗传-偏最小二乘法；如果要突出运算的实时性，可考虑基于多项式非线性关系的偏最小二乘方法。其中，基于多项式非线性关系的偏最小二乘 PPLS（Polynomial PLS）显示了较强的预测能力，在高度非线性数学方程的拟合中得到广泛应用和推广，受到越来越多的重视。

PPLS 的原理是在内部映射中采用多项式（一般为二次多项式）：

$$u = f(t) + h = c_0 + c_1 t + c_2 t^2 + h \tag{1-3}$$

引入权矢量 w，使 $t = Xw$，X 为自变量，h 为拟合误差，则

$$u = f(t) + h = f(X, w, c) + h \tag{1-4}$$

通过 Newton-Raphson 方法进行线性化，模型变为

$$\hat{u} = f_{00} + \frac{\partial f}{\partial c}\bigg|_{00} \Delta c + \frac{\partial f}{\partial w}\bigg|_{00} \Delta w \tag{1-5}$$

其中 $f_{00} = f(t, c)$，可以采用不同的方法对式（1-5）进行估算求解，由此发展

了各种不同的 PPLS 算法。

PPLS 算法在每一次迭代计算过程中，都需要对权值 w 和多项式系数 c 进行修正，使输出主元 u 与线性化后的函数输出 a 之间误差最小，为了提高迭代计算时的收敛速度，英国学者 Baffi G 等（1999）提出了一种基于误差的多项式 NPLS 方法以及清华大学的于晓栋等提出一种基于非线性规划的多项式 NPLS 方法[25]，都大大地提高了 PPLS 算法的运算速度。

从以上国内外研究进展分析可以看出：①有限的预处理有助于模型的确定和建立，并且降低模型的复杂度。②与 PCA 相比，PLS 能更全面地反映自变量和因变量之间的关系。利用 PLS 的非模型方式的数据认识性分析和模型优化分析的特点，可进行多传感信息的降维处理，并在此基础上进行实验设计方法的研究，将可以减少传感测量建模过程中的实验工作量。③基于外模型 NPLS 方法和基于内模型 NPLS 方法各有特点，若能综合利用基于多项式内、外模型 NPLS 方法的优势，研究出具有良好的非线性、简单易行特点的模型，这对于非线性耦合多传感信息的信息预处理和非线性建模来说，将是非常有意义的工作。

1.3.3 多传感信息建模自校正方法

1. 多传感信息建模方法的研究进展

传感信息建模方法可以分为机理和黑箱建模两种，其中黑箱建模是根据系统实际运行或者实验过程所获得的输入/输出数据，建立系统动静态数学模型的方法，它不需对系统的实际物理、化学过程进行分析和建模，较易实现并能达到较高的准确度，是目前传感信息建模中的热门研究领域。近年来用于传感信息黑箱建模的方法主要有：基于时间序列的方法、基于人工智能的方法、基于遗传进化的方法和曲线拟合的方法等。下面将分别介绍这几种黑箱建模方法的研究动态。

（1）时间序列建模方法。

时间序列建模方法首先根据时间序列数值的依次变化规律，研究如何建立描述该时间序列的数学模型，获得时间序列的系统特性，分析在环境或条件改变后系统性能。基于时间序列建模方法主要有基于 ARMA 时间序列模型、Kalman 滤波方法、基于多尺度的时间序列建模方法等。

ARMA 时间序列模型对传感器输入数据不可测的情况特别适合，可用于大多数的平稳时间序列建模和预测中。ARMA 模型对数据采样率的上限要求较松，但在使用 FPE 准则判断最优阶次时有时会失效，且建模精度不高，不适合非线性的复杂系统。目前非线性时间序列分析方法在计算的实时性方面还有待提高。Kalman 滤波是基于状态空间模型来解决最优滤波问题的方法，它的优点是可以递推实现便于实时应用，增强随机抗干扰能力，处理时变系统、非平稳信号和多维信号，但其缺点是要求精确已知系统模型和噪声统计。目前 Kalman 滤波方法在传感信息时间序列建模中得到了广泛的应用。

多尺度建模和系统理论是由 MIT 的 Willsky A S 教授、法国的 Benveniste A 等在 1990 年 IEEE 控制与决策会议上提出的，他们从信号的多尺度表示导出了树状的信号模型，对同态树、系统平移算子、传递函数等进行了描述，并给出了实现平稳过程的充要条件，进而建立多尺度系统理论的基本框架。随后 Chou K C，Willsky A S 和 Benveniste A 等基于二叉树定义了尺度到尺度的动态模型结构，发展了随机过程的多尺度建模新方法；此工作的基础上，Chou K C，Willsky A S 等又对多尺度随机模型进行了进一步的深入研究，将其转换成一组简单、解耦的动态模型，得到了一种有效的、尺度递归的、基于不同尺度噪声数据融合的最优估计算法[26,27]。1996 年，Basseville M，Benvensite A 和 Willsky A S 给出了由小波变换对信号进行分解产生的相应统计框架，从而促进了最优、多尺度统计信号处理算法的研究[28]，随后国外学者 Chou K，Hong L 等对多尺度的发展做了大量的研究和尝试，他们研究和发展了有效的高速并行算法，解决了多维系统的计算复杂性问题[29,30]。国内学者潘泉、文成林教授等利用小波变换特有的低通滤波特性，在不同的尺度上对状态进行估计，获得了比在原始尺度上进行 Kalman 滤波更好的处理效果[31,32]。由于多尺度或多分辨率现象在控制、信号处理领域广泛存在，在过去一二十年，小波多尺度分析理论已经得到了成功的应用。如英国伯明翰大学的 Li X L 等[33]、法国学者 Truchetet F 等[34]将多维多尺度的建模方法用于工业制造过程检测信息的建模，实践表明利用多尺度分析方法具有的低通滤波、降噪、解耦和低的计算复杂性等特性，可以进行复杂工业过程的在线分析与建模。

（2）基于人工智能的建模方法。

基于人工智能的建模方法很多，目前广泛使用的有基于神经网络、基于支持向量机和基于模糊推理等方法；它们的共同点是利用所允许的不精确性、不确定性获得易于处理、鲁棒性强的解决问题方法，这与传统的使用精确的、固定的信息来解决问题有所不同，因而更适用于处理高度复杂性的问题。

基于神经网络的建模方法主要包括 BP 神经网络（Back Propagation Neural Network，BPNN）、RBF 神经网络（Radial Basis Function Neural Network，

RBFNN）、函数链神经网络（Functional Link Neural Network，FLNN）等，它们对样本点的约束并不多，泛化能力强、处理滞后的情况比较灵活，特别是对非线性情况的映射效果明显。在工业应用上，因为神经网络本身的适应性不强，对环境因素变化比较敏感，一旦改变样本点，在线学习又非常困难，故难以适应多变的工业环境，而且神经网络工作过程并不非常稳定，在高准确度、高要求场合，必须采取有效办法来保证满足设计要求，因此还需要在神经网络的适应性、稳定性和综合性能上有所提高。基于支持向量机方法（Support Vector Machine，SVM）是 20 世纪 90 年代中期由 Vapnik 提出的新学习方法，他将统计学习理论用于神经网络的学习，从而带来了一种全新的理论和方法。SVM 可以在小样本集的情况下获得全局最优解，从而克服了神经网络易于陷入局部最优和过分的依赖样本数据数量和质量的缺点；SVM 算法复杂性不依赖于输入空间的维数，而取决于样本数据的大小，样本越大，凸二次规划问题就越复杂，计算速度就越慢。目前将 SVM 用于传感信号建模的研究已经广泛展开，如澳大利亚学者 Mazid A M 等[35]、中南大学的 Li Y G 等[36]将 SVM 用于传感器信号的建模，取得了良好的效果。基于模糊推理的传感建模主要模仿人脑的逻辑思维，用于处理模型未知或不精确的控制问题，其容错性和鲁棒性良好[37]。在多维传感器的应用中，可以通过模糊推理建模来实现多维传感信息的解耦，如浙江大学的宋国民等利用模糊逻辑推理建立多维传感器模型，并进行多维传感器的解耦计算，大大降低了多维传感器通道间的信息耦合程度[38]。近年来将模糊系统与神经网络技术相结合而形成的模糊神经网络（Fuzzy Logic Neural Network，FLNN）正在发展成为一个全新的技术领域。

（3）基于遗传进化的建模方法。

遗传算法是美国 Holland 教授首先提出，其基本思想是基于 Darwin 进化论和 Mendel 的遗传学说。遗传算法模拟自然界中物竞天择、适者生存的生物进化过程，在解空间中进行大规模、全局、并行搜索，搜索过程是从初始解群开始，以模型对应的适应度函数作为寻优判据，适者生存，劣者淘汰，从而直接对解群进行操作，而与模型的具体表达方式无关。遗传算法不依赖于梯度信息，能够很好的应用在非线性系统的校正建模当中，为非线性系统的建模与辨识开辟了一条新的途径，如东南大学的芦俊等[39]、法国学者 Jamaluddin 等[40]分别将遗传算法用于传感信息非线性校正、非线性系统辨识中。由于遗传算法具有全局寻优特性，将它和神经网络建模方法结合在一起，可以实现神经网络权值的优化，提高收敛速度和建模准确度，遗传神经网络建模方法为非线性系统的建模与预测提供了一个新的方法。

（4）基于曲线拟合的建模方法。

曲线拟合典型的方法有插值方法和最佳函数逼近方法。插值方法主要有 Lagrange 法、Newton 法、三次样条插值法、分形插值法和分段（包括线性、三次样条、分形分段等）插值法。其中 Lagrange 法的插值基函数在计算时，每增加一个插值点所有基函数都要重新计算，计算量较大，当多项式次数高于 4 的时候会出现龙格现象，严重影响插值准确度；Newton 法对 Lagrange 法进行了改进，在对基函数求取时，引入 Newton 算子，其优点是增加插值点不需要重新对基函数进行运算，大大节省计算量，运算准确度与 Lagrange 法一样；三次样条插值法具有光滑性好、计算准确度高的特点，运算过程需要给出在连接点上一次和二次的导数，计算量大；分形插值是美国数学家 Barnsley M F 于 1986 年提出的一种数据拟合的新方法，既能像欧氏函数一样由"公式"简明表示，还可以应用仿射迭代函数系统（IFS）定理进行快速计算，IFS 对应于唯一的吸引子（必定是某个连续函数的图形），并通过各个插值点，拟合效果理想，进行分形插值的适用条件是曲线或曲线的局部结构具有自相似的分形特征；分段插值是把整条特性曲线分为几部分，保证对斜率变化比较小的一定点进行一次插值，可以节省计算量和保证一定的运算准确度，事实上对传感建模来说，对所有采集到的样本点数据通过一次插值把逼近函数求出来的做法是比较困难的，而通过分段插值可以大大节省需要的工作量，同时也保证了运算的准确度，基于分段思想的插值法可分为分段线性插值法、分段三次样条插值、分段分形插值等的方法，目前应用较多的是比较简单的分段线性插值法，该方法大大简化了计算基函数的过程，而准确度也已经达到让人满意的水平。

最佳函数逼近法有最佳一致逼近法、最佳平方逼近法（最小二乘法）以及最佳绝对值逼近法，由于近似标准不同，因而精度各有不同，但算法一般较插值法复杂。基于曲线拟合建模方法的准确度比较高，它们具有显式表达和解释性强的优点，其中插值法始终是收敛的；最佳逼近法可用于多维线性的场合，但对非线性的情况适用性不足，在工业应用场合，基于曲线拟合的校正方法的实用性比较明显。

综上所述，各传感信息建模方法的特点如表 1-4 所示，并且各国学者在综合建模方面也开展了有益尝试，如前面所述的模糊神经网络建模方法和遗传神经网络建模方法。

表 1-4 多传感信息建模方法对比

建模方法		信息表示	解释性	基本特点	适用范围
时间序列建模	ARMA	原始数据	显式	根据输出序列进行建模，其建模精度不高，不适合非线性的复杂系统	线性系统
	Kalman	原始数据	显式	递推实现，可处理时变、非平稳信号和多维信号，但要求已知系统模型和噪声统计	线性系统
	多尺度分析	多尺度表示	隐式	无需知道系统模型，具有低通滤波、降噪、解耦和低的计算复杂性特点	复杂系统
人工智能建模	神经网络	神经元	隐式	非线性寻优，对样本点的约束不多，泛化能力强、处理滞后比较灵活，但适应性不理想	复杂系统（运行环境需相对稳定）
	SVM	核函数	隐式	具有神经网络的优点，同时在小样本集的情况下可获得全局最优解	复杂系统
	模糊推理	命题	隐式	容错性和鲁棒性良好，但存在一定人为因素，难于保证准确度，可以用于多维解耦	复杂系统
遗传算法		适用度函数	显式	全局寻优方法，有时会产生收敛性问题，可与神经网络方法一起应用	复杂系统
曲线拟合		原始数据	显式	计算实时性好、技术成熟、建模的准确度有保障，但对非线性适用性不足	稳定实时系统

随着社会的进步，为了满足各种实际应用的需求，国内外学者在综合建模方面相继进行了很多有益的研究，取得了巨大的成果。法国学者 Labarre D，Griveld E 等将 AR 模型和 Kalman 滤波结合在一起，实现了 AR 模型参数的动态递推估计，完成了对语音信号的实时增强和预测[41]；文成林教授则在多尺度动态建模方面开展了深入研究，它将多尺度分析方法和 Kalman 滤波结合发展新的方法，实现了动态过程的多尺度表示、建模、预测与数据融合[42]；浙江大学的施健等将信息的多尺度表示、低通去噪性能与神经网络的非线性映射结合，分别实现了土壤湿度监测和化工过程熔融指数预测[43]；西安交通大学的刘君华等将小波多尺度方法和 SVM 结合，它利用小波核函数的多尺度插值特性和稀疏变化特性，不仅提高了 SVM 模型的精度和迭代的收敛速度，而且还适用于信号的局部分析、信噪分离和突变信号的检测，提高了 SVM 泛化能力的同时，提高了辨识能力，减少了计算量，可用于非线性系统辨识、预测和分类识别中[44]。

因此，综合各种建模方法优点，开发出具有优良性能的建模方法，是传感建模一个发展趋势。要实现对多传感信息的实时、高准确度建模，根据各个建模方法特点，若能将时间序列方法结合曲线拟合进行多传感信息的建模校正，将可能为多传感信息实时建模带来良好的效果。

2. 多传感信息校正方法的研究进展

多传感信息校正方法的核心是正确描述传感器观测到的数据信息（建模），并以此确定校正环节，实现补偿。目前多传感信息建模校正方法的研究热点包括传感信息预测补偿、多传感信息解耦补偿等内容，下面将分别论述其国内外研究进展。

（1）传感信息预测补偿的研究。

传感信息预测补偿方法主要有基于神经网络、基于动态特性微分方程和基于时间序列分析的预测补偿方法。其中基于神经网络的预测补偿方法具有样本点约束少，泛化能力强，自组织、自学习的特点，它不需要预先对模型的形式及参数加以限制，因此在预测领域得到了广泛的应用，目前基于神经网络的方法在样本点确定、网络结构确定、算法的改进方面仍是建模预测中的关键问题。基于动态特性微分方程的方法，通过使补偿环节传递函数的零点与传感器传递函数的极点相同（零极点抵消法）来实现补偿，该方法需要先确定传感器数学模型，在确定数学模型时，为避免建模的复杂性，会作一些简化和假设，这样所设计的动态补偿器效果必然受到限制。基于时间序列预测方法发展比较迅速，它包括了基于 ARMA，Kalman 和小波多尺度的预测方法，其中基于 Kalman 滤波预测的方法从传感器的状态观测模型出发进行建模，而基于 ARMA 和小波多尺度方法由传感器输出序列进行建模预测，具有更好的适应性。

基于小波多尺度方法是一种新的时频分析工具，其最大的特点就是在时域和频域同时具有良好的局部化性质，将它结合 ARMA 模型、多项式拟合等，可以实现对传感信息的良好预测。如瑞士学者 Olivier Renaud 等应用小波分析将信号分解，然后用 ARMA 模型对各层系数进行预测，实现了对 ARMA 模型参数实时递推估计，最后对各层预测数据进行重构，实现了信号的短期和长期预测[45]；哈尔滨工业大学的姜兴渭等则利用类似的方法分别实现了对卫星遥测数据的递归实时预测[46]。基于小波多尺度方法的基本原理如图 1-11 所示，对时间序列 x_t：$\langle x_1, x_2, \cdots, x_n \rangle$ 先进行小波分解，然后对分解后的高频信号和低频信号分别用时间序列模型 ARMA 进行预报，得到 k 步以后的预报值，最后利用小波重构合成原始序列 x_t 的预报值 x_{t+k}。该方法可以应用于复杂系统的非平稳时间序列预测中，但是要将其用于工业过程中的在线多传感信息建模预测，还需要进一步提高基于小波多尺度方法的实时计算与准确预测能力，研究实时准确的预测方法。

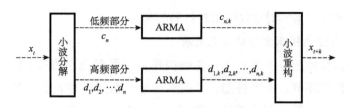

图 1-11　基于小波多尺度的预测模型原理图

（2）多传感信息解耦补偿的研究。

对于受环境因素影响的传感器来说，传感器的输出量 Y_1 由作用于传感器输入端的待测物理量 x_1 及其他环境因素 $x_2, \cdots, x_n$ 共同确定，若把环境因素作为传感系统的输入端，则多传感系统的传感信息耦合模型见图 1-12。

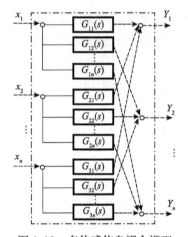

图 1-12　多传感信息耦合模型

如图 1-12 所示，$G_{ij}(s)$ 为各通道的传递函数，它表示敏感量 x_i 和传感器输出 Y_j 间的耦合关系。通过处理输出 Y_j，并辨识各个耦合过程可以提高传感系统的测量准确度，使测量结果 Y_j 真实反映敏感量 x_j 的变化。

多传感信息解耦补偿建模方法主要有基于传递函数矩阵分析的方法和基于人工神经网络的方法及基于插值解耦方法，其中基于传递函数矩阵分析方法的解耦思想是通过建立多传感信息的传递函数矩阵，并对传递函数矩阵的非对角线元素进行归零计算来完成解耦设计的，该方法依赖于传递函数矩阵模型的准确辨识。哈尔滨工业大学王祁等在传感函数矩阵分析的基础上，利用小生境遗传算法直接从多传感信息标定数据求解解耦网络，避免了传递函数矩阵模型的辨识。基于人工神经网络的解耦方法是利用神经网络的非线性映射能力进行解耦建模，它在神经网络的训练过程中，隐层单元数的选择没有一个很好的解析式来表示，只有通过实验的方法来确定最优或准最优的隐单元数，并且由于算法复杂，目前只适用于测量速度要求不高的系统。基于插值的解耦方法的基本原理是采用插值计算的方法逐步缩小关系函数 $Y_j = f(x_1, x_2, \cdots, x_i, \cdots, x_n)$（$1 \leqslant i, j \leqslant n$）的自由度，并转换为 $Y_j = f(x_j)$ 的形式，进而得到 Y_j 与 x_j 一一对应的特征函数，实现对传感信息解耦计算，基于插值解耦的方法无需限制样本点和分割数学模型，具有准确度高、收敛性好的优点。为了进一步提高插值解耦方法的计算准确度和实时性，华南理工大学刘桂雄教授提出一种基于多尺度的多传感信息解耦方法[47]，该方法根据传感信息尺度特征选择不同的插值方法对多传感信息进行解耦计算，研究结果表明基于多尺度的插值解耦方法可以适用于工业过程中复杂系统的解耦补偿。但要实现对多传感信息的在线、高准确度解耦计算，还必须进一步研究传感信息尺度特征的快速计算、分辨阈值自适应选择等。

1.3.4　传感信息传输与实时预测方法

网络化是智能传感技术发展的必然趋势。在传感器网络中，传输的信息绝大部分是各种传感器实时采集数据，在一些应用中，它的时间特性显得特别重要，如在煤气瓦斯监测中。在这些传感器网络中，信号的实时传输往往具有以下的特点：①时间特性要求高，数据传输延迟低；②采样信号往往具有周期性特征；③对大多数场合，最新的实时监测信息才是最有意义的，因此在传感信息传输过程中一般不要求重发；④因为网络的不确定性，在一定程度引入了传输的不确定性，如数据帧丢失、网络拥塞、延时等问题，会极大地影响传感器信号的实时性和可靠性。因此在传感器网络中研究传感采集信号的延迟、丢失问题，实现传感信息的延迟补偿和实时信号预测对传感网络的研究与发展具有重要意义，也是目前研究的热点问题之一。

针对传感信息传输及预测补偿方法主要有基于人工智能、基于多元线性预测、多项式预测、基于时间序列分析等的预测补偿方法。

文献［48］针对网络化测控系统中，实时信号网络传输的延时和数据包丢失问题，提出一种同步 LS-SVM 技术来预测网络传输的实时信号，缓解系统由于非理想条件下，信号网络传输的不确定性所引起不利的影响。而文献［49］则针对大型采矿设备远程监测与控制，建立了一种基于 Elman 神经网络的滚动预测模型，实现了对大型装备状态的动态预测。文献［50］则提出一种基于 Internet 的遥操作机器人系统预测控制结构，来解决 Internet 网络时延和丢包问题，它通过对给定信息加入时间标签和多元线性回归算法来实现。文献［51］则利用多项式预测滤波理论构建虚拟传感器，如图 1-13 所示，通过虚拟传感器的构建，将信号的传输与使用分离，在用户与网络之间建立一个看似从本地传感器输出信号的虚拟传感器，它通过预测的方法缓解网络传输不确定性导致的不良后果，保证信号传输的实时性和使用的可靠性。文献［51］应用小波分析结合 ARMA 模型方法实现延迟预测补偿，采用如图 1-11 所示的模型结构，该方法先对信号进行小波分解，然后用 ARMA 模型对各层系数进行预测，最后对各层预测数据进行重构，实现了信号预测补偿。

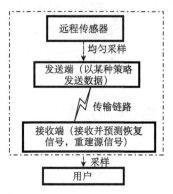

图 1-13　虚拟传感器系统结构图

从各种传感实时信息传输和预测方法的应用来看，基于人工智能的方法具有样本点约束少，泛化能力强，自组织、自学习的特点，但在建模预测中，仍然存在样本点确定、网络结构确定、算法的改进方面的关键问题；基于时间序列预测方法发展比较迅速，它从传感输出序列进行建模预测，准确度有保障。

1.3.5　网络化协同传感技术

多传感数据融合是指把来自许多传感器和信息源的数据和信息加以联合、相关和组合以获得精确的位置估计和身份估计，以完成对战场态势和威胁及其重要程度进行实时的、完整的评价的处理过程。其典型的模型如图 1-14 所示，它具有以下的基本特征：①多传感、多信源输入；②准确有效的合成准则；③单一表示的结果。多传感数据融合实质上是在低层次上的数据协同机制。

随着科学技术的发展，现代工业检测任务趋于多样化、立体化，目标环境越来越复杂，观测范围要求越来越广，信息量骤然增大，这就使得现代监测系统使用了多种类多平台的传感器，也使人们感到必须把各种繁多的（多源、多

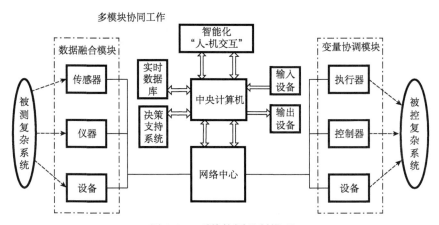

图 1-14　系统协同机制模型

形式）信息有效地进行组合处理（即对各种传感器信息进行准确的获取、综合、过滤、融合），才能准确无误地进行决策控制。将多传感器数据融合应用在基于 IP 模式的网络监测系统中，具体来说可以达到：①提高测量数据的可信度。利用多种传感器能够更加准确地获得环境目标的某一特征或一组相关特征，使整个测控系统所获得的综合信息具有更高的精度及可靠性；②扩大时间和空间的覆盖范围。通过多个交叠覆盖的传感器作用区域，各个传感器之间性能和频率相互补充，收集到的信息中不相关的特征增加了，整个系统可获得某单一传感器所不能获得的独立特征信息，可显著提高系统的监视能力、时间监视范围和检测概率，使多传感器系统不易受到干扰；③减少获得信息的代和获取时间。和传统的单一传感器系统相比，在相同的时间内能获得更多的信息，从而减少了获得同样多信息的代价。加快信息处理速度，提高信息再用率，由于传感器信息处理是并行进行的，各个单独的传感器可以相对简化其处理的步骤，加之计算机技术在数据融合中的大量应用，许多原来需压缩的原始数据，可以直接作为数据融合系统的输入，通过多组这种数据的互相关联，最大限度地利用其中的信息，减少系统信息处理的总时间；④提高了系统容错能力。由于多个传感器所采集的信息具有冗余性，当系统中有一个甚至几个传感器出现故障时，尽管某些信息容量减少了，但仍可由其他传感器获得有关信息，使系统继续运行，故经过信息融合处理无疑会使系统在利用这些信息时具有很好的容错性能。

　　数据融合是一种数据综合和处理技术，是许多传统学科和新技术的集成和应用，如通信、模式识别、决策论、不确定性理论、信号处理、估计理论、最优化技术、计算机科学、人工智能和神经网络等。近年来，不少学者又将遗传

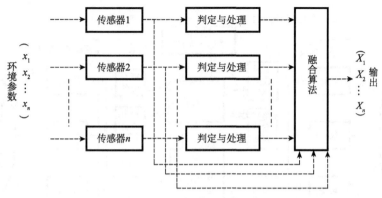

图 1-15　多传感系统融合图

算法、小波分析技术、虚拟技术引入数据融合技术中。在信号层，传感器的信息融合方法有基于人工智能方法、矩阵加权融合算法数理统计方法等；其中，基于人工智能中的神经网络方法在实际的应用中，只适用于稳定的应用环境，适用性不好；模糊逻辑法则需要建立标准检测目标和待识别检测目标的模糊子集，同时还需建立合适的隶属函数，而隶属函数的确定没有规范的方法，导致检测误差较大；矩阵加权融合方法，权的分配对融合效果的影响十分明显，并且要进行矩阵计算，对计算性能要求较高；数理统计方法通常以置信距离、相似度、方差等进行多传感器数据融合时的加权参数计算，并以此为基础对传感信息进行融合，数据融合时多采用最小二乘原理进行融合，它在工业应用中具有较好的通用性。

　　基于最小二乘的融合方法的原理如图 1-16 所示，它先对每个传感器的实时量测值进行加权处理，将多个传感器的量测值融合为一个值，在融合时使用最小二乘法进行实时递推计算；该方法最关键的是要确定出各传感器测量数据之间的最优融合权重。它在融合时可以使用置信距离、相似度、方差对融合权值进行估计，但目前很多方法没有全面考虑传感器自身的可信度、相互间的支持程度以及环境干扰程度的影响，并且其中一些方法存在关系阈值人为设定的问题，不利于对实际情况作出客观的判别，进而使融合的结果受主观因素的影响过大。

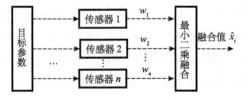

图 1-16　基于最小二乘融合的原理图

但在目前很多物联网中，由于多传感器网络中每个传感器节点资源有限，为了充分利用传感器节点的有限资源，使多传感器网络解决更多实际问题，要求在传感器节点独立的基础上多个传感器节点之间相互协同工作，通过传感协同，用户可以操作整个网络或者网络中的一部分节点，而不需关心某些特定的节点。

多传感网络通过协同方式实现各个节点的数据采集、融合和传输，即协同信号处理，可完成单个节点无法完成的任务，提高传感系统的可扩展性、鲁棒性、传感检测准确度和可靠性。多传感协同测量的信号处理流程如图 1-17 所示，多传感协同信号处理是通过协调不同节点的测量、传输时序，根据网络资源分布和测量目标，通过传感节点自主协作，来降低能耗满足高精度测量需求，目前从信息处理的角度研究多传感网络的协同的主要方法有以下 3 种。

（1）基于 Kalman 滤波的方法。文献 [52] 提出了扩展的 Kalman 滤波器应用到多传感网络目标跟踪与信息融合中，能够得到比较理想的精度，文献 [53] 基于 Kalman 滤波，提出了目标跟踪中协作信号的处理；但目前，基于 Kalman 滤波方法实现复杂，容易导致实时性降低，在多传感网络应用中的可扩展性和鲁棒性有待加强。

（2）基于智能体（Agent）的方法。文献 [54] 将移动 Agent 应用到面向结构监测的无线传感网络系统，来协调不同的无线节点执行和完成多个不同的结构监测任务，实现网络数据和监测任务的协同。文献 [55] 针对应急事件处置过程中的多组织协同问题，将多 Agent 技术与 Petri 网建模结合，给出了多 Agent 应急协同的 Petri 网模型定义，研究 Agent 内部 Petri 网基本结构及多 Agent 的协同交互 Petri 网建模，实现了应急协同 Petri 网模型的协同检测算法。虽然基于 Agent 方法能够较好地解决多工作流之间的组织、调度通信与信息协同问题，为网络环境下的各工作流管理提供技术支持，但在应用中，系统资源耗费和通信代价仍然是一个瓶颈[56]。

（3）基于协同学的多传感测量。随着多智能体协同研究的日益深入，将协同学理论引入多传感测量系统，把各种各样的（多源、多形式）信息有效地进行组合协同处理，是一种新的探索[57,58]。文献 [59] 运用役使原理，构造序参量方程，即把一个高维的非线性问题化简为一组维数很低的非线性方程，实现多传感系统建模与协同测量。但目前基于协同学的多传感测量的研究，需要在序参量构建、协同模型自组织演化机理方面开展深入研究。

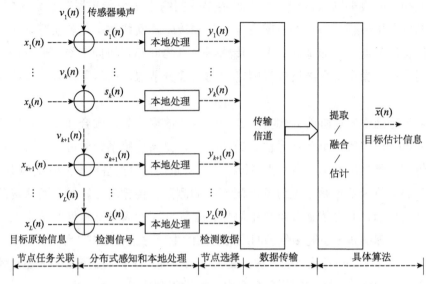

图 1-17　多传感协同测量的信号处理一般流程

1.4　本章小结

本章介绍了智能传感器的概念、结构和功能特点，并介绍了典型的智能传感器应用，在此基础上，针对智能传感器网络化、智能化和微型化等特点，围绕智能传感系统建模方法、多传感信息预处理技术、多传感信息建模自校正方法、传感信息传输与实时预测方法和网络化协同传感技术等关键技术内容，分别介绍了它们在国内外的研究进展，并基于国内外研究进展开展了研究分析。

第2章 网络化传感系统建模设计方法

网络化智能传感技术代表了传感技术的发展方向，新型网络化传感器在大、中、小型制造生产工业中都有广泛应用，但要实现准确检测，其核心是智能建模方法的研究。面向对象建模是智能传感系统开发的重要手段之一，面向对象建模方法可支持智能传感系统的全过程开发，可描述任何类型的系统，为复杂智能传感系统建模提供全面解决方案。

本章将采用面向对象的建模方法，基于 IEEE 1451 标准框架，开展混合接口标准模式下的网络化智能传感系统的建模设计研究，从智能传感系统的静态功能分析出发，建立多参数网络化智能传感系统模型架构图，然后利用传感系统传感器用例模型图，通过 TEDS 实现传感器的快速接入和系统部署。

2.1 多参数网络化智能传感系统模型

IEEE 1451.0 传感器与执行器的智能变换器接口系列标准[60,61]是目前国际通用的智能传感器标准之一，通过它可大大简化由变送器构成的各种网络检测系统，实现各厂家产品的互换性与互操作性，IEEE 1451.0 系列标准接口图如图 1-4 所示。

由于监测参数的多样化，决定了接口的多样性。根据图 1-4 所示，基于 IEEE 1451.0 标准下，需要采用 IEEE 1451.4 数字和模拟信号混合模式接口，开展系统模型架构设计，以实现传感器快速接入到监测网络中。

从网络化智能监测系统的功能上来看，它应该能够同时完成对数字、模拟，有线、无线等多种类型接口的传感器（执行器）进行自检、热交换、状态报告、配置和数据采集等的能力，可实现对传感检测数据的初步非线性校正、网络化传输、显示等功能。针对网络化智能监测系统功能，设计如图 2-1 所示的多参数网络化智能传感系统模型架构图。

图中 STIM（Smart Transducer Interface Module）模块基于 IEEE 1451.4

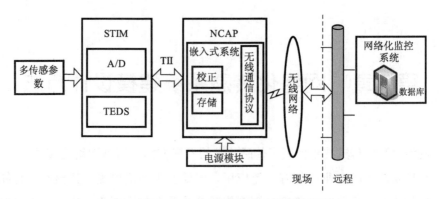

图 2-1　多参数网络化智能传感系统模型架构图

标准设计，用于多参数采集与 A/D 转换，并用 TEDS（Transducers Electronic Data Sheet）来实现各种不同接口模式传感器的快速接入。NCAP 模块基于 IEEE 1451.0 标准设计，用于校正、数据存储和网络通信等功能，它在运行中通过装载嵌入式系统实现。NCAP 与 STIM 模块间通过 TII 接口实现短距离的数据通信。从图 2-1 可知，所设计的系统模型架构具有多传感、自校正、存储和无线通信等功能。

2.2　多参数网络化智能传感系统建模实现

面向对象建模目的是建立通用型传感器模型，实现对系统功能、核心服务等的抽象和凝练，描述传感器各功能部件、信息处理模块及其相互关系。它需要从用户的非形式化的问题描述和需求开始，进行系统地面向对象静态功能描述分析。要能够规范化描述系统的静态结构、功能，实现系统的统一规划部署，统一建模语言 UML 是一种适用于智能传感器建模的可视化建模语言[62]。下面利用面向对象的 UML 来实现系统的规范化的描述和建模。

图 2-2 为多参数网络化智能传感系统建模方法框图，该方法利用 UML 用例图来实现功能建模；用 UML 协作图/顺序图来描述系统内部信息交互等实现行为建模，其中顺序图能将系统各独立对象类元角色的交互关系表示成一个二维图，具有直观、明了的特点[63]；部署视图则将实现从 UML 建模到传感系统硬件部署和代码的实现，即完成传感器静态功能、动态描述的需求映射成物理构件和节点的机制与方法。用例图、协作图/顺序图、部署图之间可进行不断的验证与反馈，通过反复调整修正后，可得到正确、可靠的系统模型，最后利用建

模工具生成程序代码，按照部署图实现硬件设计，构建出物理系统。

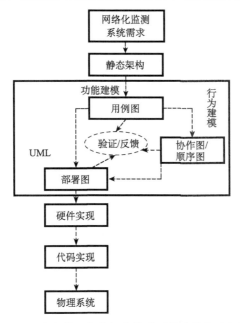

图 2-2　多参数网络化智能传感系统建模方法框图

2.2.1　智能传感系统传感用例模型图与协作图

UML 用例建模是一种使用 UML 用例图来开展面向对象的可视化图像建模的，它由用例、参与者、边界、箭头等用图形化方法的实现，同时可通过文档进行辅助描述，通过用例建模有助于系统的快速应用开发。

根据系统的静态功能需求，可建立如图 2-3 所示的网络化智能传感系统用例图。从用例图可以看出，网络化智能传感系统传感器的接入、数据采集的触发、数据的校正、网络数据压缩封装、本地数据显示等都与 TEDS 配置关联，通过 TEDS 配置来完成从采集、校正、压缩和显示等环节的协调和统一指挥，反过来，系统中各传感器的 TEDS 配置信息可通过网络或本地操作进行在线设置和更改，因此 TEDS 配置是其核心。用例图 2-3 采用 IEEE 1451.0 标准建模，使其涵盖 IEEE 1451.x（$x=1\sim7$）乃至后续子标准（包括各类接口），可保证系统的扩展性。通过 TEDS 配置可较好解决不同网络之间兼容性问题，使各厂家产品实现良好的互换和传感器的快速接入，为构建通用的智能传感系统模型带来了可能。

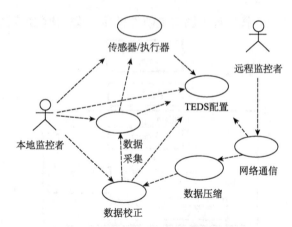

图 2-3　网络化智能传感系统用例图

为了能够描述网络化智能传感系统各功能模块之间的信息传递、协作关系，用图 2-4 所示的协作图进行分析与描述，由协助图可以看出图 2-4 中四个用例用户间的交互关系以及各模块间消息移动情况[64]。从协作图也可看出 TEDS 数据及其配置的重要性。

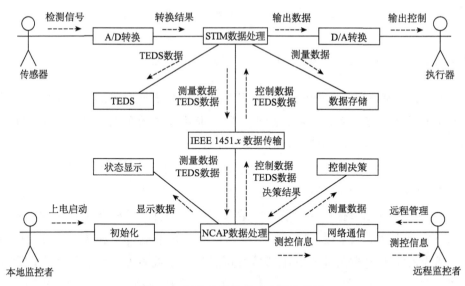

图 2-4　网络化智能传感系统协作图

2.2.2　TEDS 配置与传感器初始化

图 2-5 为 IEEE 1451.0 标准下系统的电子数据表格 TEDS 构成框图，为了扩展的需要共定义了以下几种数据类型，其中 Meta TEDS 用于描述通道组信

息、TEDS 的数据结构等，Channel TEDS 用于描述传感通信通道，主要包括检测对象范围的上下限、物理单位、不确定性、数据模型、启动时间、触发参数和自检结果等，Calibration TEDS 用于校正信息，利用 NCAP 校正引擎使用设置的 TEDS 校正系数实现对传感原始数据的校正，其校正模型参数的选择和确定，需要根据实际传感模型、校正方法效率和能耗等方面综合考虑。而 Application Specific TEDS，Extension TEDS 分别用于特殊应用对象以及应用的功能扩展。

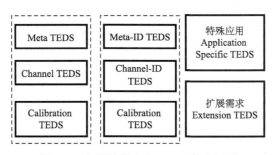

图 2-5　电子数据表格 TEDS 构成框图

由用例模型图，严格按 TEDS 格式，对各传感器通道对应的检测范围上下限、物理单位、传感器类型、厂商 ID 和校正模型等进行配置，即可完成传感器的快速接入及初始化。图 2-6 为传感器初始化及快速接入网络的一个 UML 顺序图。该过程的参与者包括现场监控（操作）者、传感器、主控制器（系统），操

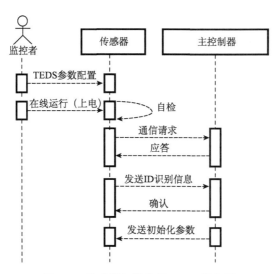

图 2-6　传感器初始化的 UML 顺序图

作者先进行 TEDS 参数配置，然后在实际使用阶段，系统启动后对传感器进行自检，自检完成后向网络发送通信请求，并侦听网络，等待主控制器的响应；当传感器与主控制器建立通信连接后，向主控制器发送身份 ID 等 TEDS 识别参数，由主控制器识别并确认信息，主控制器根据存储的 TEDS 配置参数，向相应通道的传感器发送初始化 TEDS 配置参数等信息，完成初始化和网络接入，然后就可以实现参数的检测和数据的通信了。

2.2.3　UML 系统部署建模

要将系统设计概念转化为硬件环境中部署的解决方案，则需要开展 UML 系统部署建模，即是基于网络化智能传感系统的用例分析、动态描述、TEDS 配置，最后确定网络化智能传感系统硬件模块结构及软件代码的过程，图 2-7 为规划的网络化智能传感系统通用部署框图，框图中的虚箭头线表示系统模块之间的编译依赖关系，箭头从用户模块指向它所依赖的服务模块，一个模块指向另一个模块的接口也采用虚线表示[64]。

从图 2-7 可看出，系统部署中的 STIM 系统部件主要实现信号调理转换、多通道数据采集、A/D 转换、数据处理与存储、与 NCAP 或其他 STIM 进行数据通信传输、控制决策、驱动及状态显示单元等；而 NCAP 系统部件则主要包括：数据处理与存储单元、驱动单元、接口模块、与 STIM 通信的数据通信传输模块及网络通信模块等。

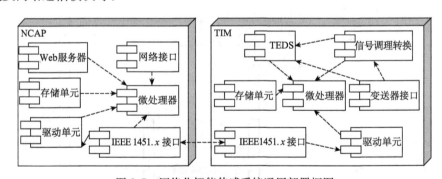

图 2-7　网络化智能传感系统通用部署框图

在通用系统部署框图中的微处理核心单元是系统的核心，它可完成数据采集、处理、输出、调度等。为方便和简化系统硬件设计，具有高运算主频的微处理器是系统核心模块的最佳选择，且所有控制逻辑、数据计算可以由主控制器软件实现。

2.3　网络化智能传感系统数据交换

随着物联网信息时代来临，监控系统跨平台的应用及通用化的需要越来越高，这需要把系统数据获取方式、分布式传感与控制提升到一个更高层面。为此，基于图 2-1 的多参数网络化智能传感系统模型架构，需要进一步规范监控系统数据的封装格式，用 XML 统一各个监控系统的数据交换接口，以利于测控系统跨平台数据表示、交换和存储[65-67]。

2.3.1　数据交换动态描述

根据图 2-1 的网络化智能传感系统架构分析，传感系统的数据交换流可分为现场监控、远程监控两个模块层。在现场监控层，各智能监控节点作为该层数据处理中心，通过 NCAP 的 IP 网络接口与监控系统现场工作站进行数据交换，并将监测数据上传到监控系统数据库中，智能监控节点与智能监控节点、智能监控节点与 WEB 服务器之间的 XML 数据均采用 NCAP 中的嵌入式 Web 服务器来实现。

在远程监控层，通过设置传统 WEB 服务器来实现对现场数据的远程监控。因此，整个系统中 WEB 服务器为数据处理中心，其中嵌入式 WEB 服务器实现现场监控节点数据服务请求及响应，而传统 WEB 服务器则接受来自互联网网络的大量远程请求，经权限验证和信息处理后，将响应信息反馈给远程终端，这时 XML 数据都统一选择 HTTP 协议传送。

图 2-8 为监控数据通信的 UML 顺序图，该图描述了远程监控用户从网络化智能监控节点 STIM 的某特定通道读取传感检测数据的动态通信过程，该动态描述图中，通信参与者包括用户、远程终端、传感器（变送器）等。其中远程监控终端用户通过函数 Get _ parameters（）获取传感通道参数并向网络提交通信请求，开启数据通信过程；远程终端由 Read _ transducer _ data（）通过网络向监控节点 NCAP 发送请求，读取传感信号；NCAP 对请求进行分析并响应请求，然后通过 IEEE 1451.0/IEEE 1451.1 协议，向 NCAP 的 TII 接口发送读监控数据指令 Send _ request（）；再由 NCAP TII 接口将指令发送到 STIM；STIM 的 TII 接口接收并分析请求后，选择对应的 IEEE 1451.x（x 表示 2～7）子协议，向关联传感器（变送器）下达通信指令；在 IEEE 1451.x 应用层，可用有线或无线方式，由 Read _ msg（）指令向所连接传感器读取数据；传感器由 Get _ sensor _ data（）函数响应指令获取监控数据，并向上返回应答信号；

监控数据经 STIM 由 TII 接口逐级向 NCAP 传输，通过 NCAP 网络接口返回远程终端，完成一次监控信号通信过程。

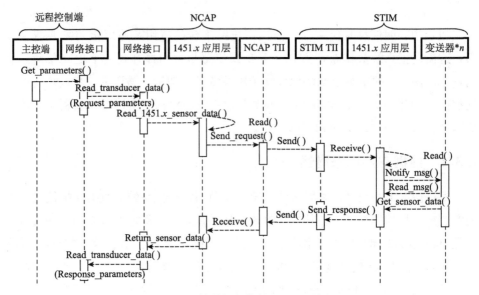

图 2-8 监控数据通信的 UML 顺序图

关联的传感器（变送器），执行器视为 STIM 的一部分

由以上 UML 顺序图，可动态地描述网络化智能监控系统各部分工作时各种动态顺序行为以及组成对象间交互关系，为实现网络化智能监控系统的统一 XML 数据交换奠定基础。

2.3.2 数据统一建模

为实现 XML 文档结构和系统行为的统一，并构造整个传感系统数据结构框架。基于图 2-8 的监控数据通信 UML 顺序图，利用 UML 图形化技术进行 XML 数据建模。

XML 数据建模先用 UML 对系统业务模型进行需求细化，得出 UML 用例图（概念建模），进一步基于 UML 类图数据模型明晰所包含的框架内容，同时通过 UML 对象模型与 XML Schema 的映射，确定 XML Schema 对象逻辑关系，依据映射原则，最终得出系统的 XML Schema 结构，并以此作为 XML 文档验证与生成模板，生成 XML 文档，完成 XML 数据建模工作。

针对监控系统中的各种数据，按照数据的 XML 建模方法将其创建为一个类。例如，对测量数据可先按 UML 建模方法创建 XML 文档，然后为它创建一个类，如图 2-9 所示。图中，Data 表示测量数据类型，如"温度"；Value 表示测量类型值；Time 表示测量时间；Warnvalue（）表示超限警报设置值。数据封装后，就可将相应生产的 XML 文档用于信息传递或者存入数据库中。

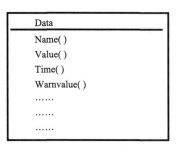

图 2-9　基于 XML 测量数据类创建

当 XML 文档到达目的地后，需要将 XML 文档转换成接收模块能够理解、处理的格式。系统采用通用的 XML 解释模块 DOM（Document Object Model）来完成 XML 解释工作。在应用中，基于 DOM 的 XML 解释器是将一个 XML 文档转换成一个对象模型集合（通称为 DOM 树），应用程序则可通过对 DOM 树的操作，实现对 XML 文档数据的操作，具有面向对象、使用方便的特点。监控系统借助类包 javax. xm. l parsers，org. w3c. dom 实现 XML 文档向 Document 树型数据的转换：

```
Static Document document;
DocumentBuilderFactory
    factory=DocumentBuilderFactory. new Instance();
DocumentBuilder builder=factory. newDocumentBuilder();//创建 DOM 解释器
Document=builder. parse(new File(ruleEntry. xm l"));//取得 XML 的内容树
Element Root=document getDocumentElement();//取得结构树的根节点 root
...
```

通过上述语句，可以将监测数据、监控策略等的 XML 文档转换成为树型结构数据，再由后台应用程序对数据进行相应的处理。

2.4　室内微环境监测系统应用例

基于多参数网络化传感系统通用模型及其建模设计方法，下面将其应用到室内微环境监测系统中。

2.4.1 室内微环境监测系统建模

现代社会 85% 以上人们的时间都是在室内度过的，尤其是现代职业工作者，因此室内环境的好坏对人体的身心健康、舒适度以及工作效率都有直接的影响，良好的室内环境有利于人体健康并且能够提高工作效率，研究表明适宜的热环境可提高生产率达 18%。室内微环境监测系统涉及众多参数的检测，它包括空气质量参数，如 CO_2、CO、NO_x、甲醛、氨、苯、甲苯、烟雾等；还包括环境参数，如温度、湿度、噪声、光照等，由于包含的参数繁多，与之相对应的测试手段和方法多样，包括：物理的方法、化学的方法以及生物的方法等，因此是一个典型的多参数网络化监测系统，为此系统将在 IEEE 1451.0 标准下，采用 IEEE 1451.4 数字和模拟信号混合模式接口，开展系统架构与建模设计[68,69]。

根据项目需求和室内微环境监测系统的静态功能分析，结合多参数网络化传感系统通用模型，可以建立如图 2-10 所示的室内微环境监测系统监测节点模型架构。图中 STIM 模块基于 IEEE 1451.4 标准设计，用于检测室内空气质量参数和环境参数，并用 TEDS 来实现传感器的快速接入与校正。NCAP 模块基于 IEEE 1451.0 标准设计，由于某些检测参量之间存在相互影响，需要对信号进行解耦校正，因此在 NCAP 模块主要用于解耦校正、数据存储和网络通信等，它在运行中通过装载嵌入式系统实现。

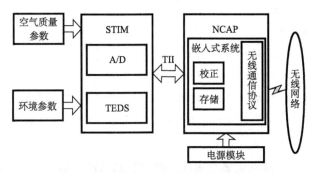

图 2-10 室内微环境监测系统监测节点模型架构

在通用模型基础上，建立如图 2-11 所示的室内微环境监测系统用例图，系统需要对空气质量和环境参数传感器等进行识别、配置、数据采集、数据处理、压缩与通信等的功能，采集数据在监测节点的数据处理环节进行校正后，对数据进行压缩打包，通过无线网络接口传递到远程客户端。完成用例图建模后，利用前述的部署视图，就可实现从 UML 建模到传感系统硬件部署和代码的实现了。室内微环境监控节点的硬件部署如图 2-12 所示,图中 STIM 模块选用 32 位 DSP 芯片实现;而 NCAP 模块的处理器则用三星的 32 位嵌入式 ARM 处理器实现。

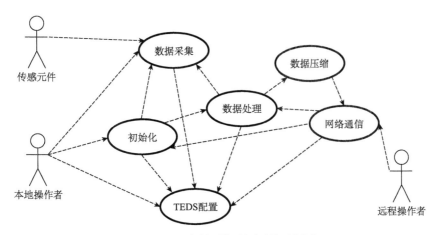

图 2-11　室内微环境监测系统用例图

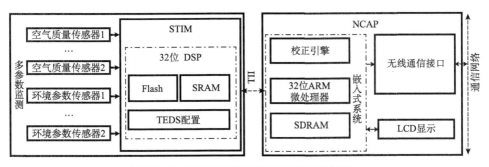

图 2-12　室内微环境监控节点的硬件部署

2.4.2　室内微环境监测系统数据交换

在室内微环境监测系统中,监控系统 XML 数据跨平台交换的主要流程如下。

(1)远程用户指令通过监测系统编译后,利用 XML 数据建模方法转成 XML 文档,传送到指定的现场监控节点;测控节点通过 XML 解释模块解释 XML 文档,并执行文档中的指令。

(2)系统中智能监测节点根据请求执行相关指令,获得现场监控数据后,系统软件依据 XML 数据建模方法,将 UML 对象模型映射到 XML Schema,如

图 2-13 所示。图中 UML 对象模型中的 DataSources 与 DataItem 各类的关系、各属性类型及其数据类型，与 XML Schema 元素节点得到一一对应。通过系统中的 XML Schema 结构图，可给设计人员和测控系统提供直观统一认识平台，生成 XML 现场测控数据，然后上传到监控系统软件中。

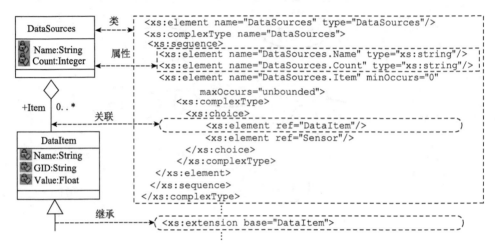

图 2-13　UML 对象到 XML Schema 的映射

（3）监控系统软件接收到现场监控 XML 文档后，用 DOM 对文档进行分析解释，然后实时显示监控结果，如图 2-14 所示。同时系统软件利用 OPEN XML 将监控数据存储在 SQL 数据库当中。

图 2-14　部分传感监测参数显示图

现场运行结果表明：在现场监控终端节点液晶屏上显示的监控参数和远程监控台显示的读数一致，说明数据发送和接收两端对基于 XML 的测控数据能够正确地生成和解释，数据间实现了高效率无误交换，满足了网络化监控的要求。

2.5　海洋环境监测系统应用例

广东省是我国海岸线最长的省份之一，海洋资源丰富，海洋经济已经成为广东省的支柱产业，并呈不断增加的趋势。但近年来，由于陆源海洋污染、重大海洋工程、海洋事故等对海洋环境产生污染等，严重地影响到沿海城市和海洋渔业经济的发展，海洋渔业灾害已经成为制约广东海洋经济发展的主要原因之一。因此，对海洋渔业环境进行检测、预警、评估等，对于保护海洋环境、服务地方经济具有重要作用。

针对广东省渔业养殖区河口、海岸海流海浪和陆源污染物质输运的多变性，以及溢油等海洋渔业灾害的严重性，将全天候监测海洋水质及水上气象参数（如溶解氧、pH 值、盐度、水温、气温、相对湿度、气压、风速风向、浮标摇晃程度、电池电压、控制箱温度等），实现自动化水质和风暴潮检测系统的集成，同时采用低功耗、高可靠性和稳定性的通信、采集技术，实现持续、低成本监测。

根据系统设计目标，从系统集成层面规划，海洋环境监测系统由采集子系统、数据管理子系统和数据产品子系统组成，总体系统架构如图 2-15 所示。

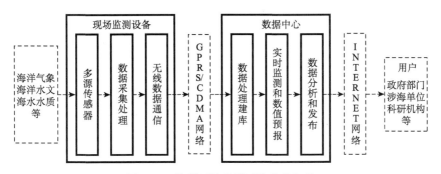

图 2-15　海洋环境监测系统总体架构

2.5.1　渔业海洋环境多参数监测子系统模型

渔业海洋环境监测系统涉及众多参数的检测，传感接口多样，是一个典型的多输入多输出系统，为此系统将在 IEEE 1451.0 标准下，采用 IEEE 1451.4 数字和模拟信号混合模式接口，开展系统模型架构的设计，将传感器以"快速接入"的方案连接到监测网络中[70]。

　　拟设计的实际系统模型将在 IEEE 1451.0、IEEE 1451.4 混合标准模式下进行。根据项目需求，先对传感监测系统进行静态功能分析：要对海洋水环境进行准确预测评估，需要监测气象环境参数（如风速、风向、气温、气压等）、水质参数（水温、盐度、溶解氧和 pH 值等），这些监测参数关联的传感器涉及模拟或数字信号，且某些检测参量之间存在相互影响，需要对信号进行解耦校正。由于海洋环境的特殊性，监测节点需要在无人环境下工作，需要使用无线通信方式，因此在传感器鲁棒性、无线通信可靠性、电源保障方面要额外考虑。根据以上的静态功能分析，结合 IEEE 1451 标准框架，可以建立如图 2-16 所示的 IEEE 1451 海洋渔业水环境多参数监测子系统模型架构。图中 STIM 模块基于 IEEE 1451.4 标准设计，用于检测海洋渔业养殖的气象环境参数和水质参数，并用 TEDS 来实现传感器的快速接入。NCAP 模块基于 IEEE 1451.0 标准设计，用于解耦校正、数据存储和网络通信等，它在运行中通过装载嵌入式系统实现。NCAP 与 STIM 模块间通过 TII 接口实现短距离的数据通信。从图 2-16 可知，所设计的子系统模型架构具有多传感、自校正、存储和无线通信等功能。

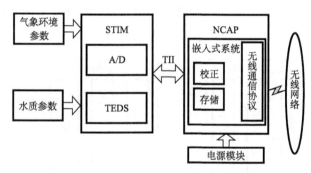

图 2-16　多参数监测子系统模型

　　作为一个综合性的信息监测与管理系统，海洋环境监测在空间位置上具有分布性，由现场监测设备组成数据采集监测子系统处于近海环境，数据管理子系统和数据产品子系统位于陆上数据中心的云端服务器上，它们之间通过无线和有线相结合的通信网络联系起来，其结构如图 2-17 所示。

　　参数采集监测子系统，位于整个系统架构的底层，是整个系统的基础与核心。如图 2-17 所示，多参数采集监测子系统工作于现场监测平台（浮标）上，通过与各类传感器的交互，自动完成海洋环境要素现场监测、采集，并实现数据传输的功能。其基本工作过程是：通过各类要素传感器（如温度传感器），采

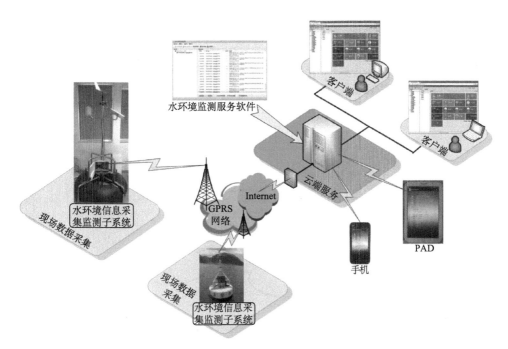

图 2-17　海洋渔业水环境监测系统结构图

集海洋中的基本监测要素变量（如风速、水温、盐度等），然后对其进行预处理，并按照系统定制的数据交换标准将采集的监测要素数据封装打包，通过 GPRS 数据传输模块将封装好的数据包实时地传输给上层监测中心的云端服务器上。同时，数据采集子系统与管理子系统通过网络进行通信，用户可以通过上位机软件对其运行状态进行实时地监测，也可以通过手机/PAD 客户端对其进行监测。

2.5.2　多参数监测子系统的 TEDS 配置

海洋渔业养殖水环境监测系统的关键在于多参数采集监测子系统的研制，而多参数监测子系统设计的重要关键步骤是传感器 TEDS 配置与实现，通过 TEDS 配置可实现众多传感器的自动识别、配置、数据采集和信息校正，可大大减少系统构建时间。

由海洋渔业养殖水环境监测系统的功能分析，可根据 IEEE 1451.0 标准，建立如图 2-18 所示的传感器用例模型图，图中传感器通过 TEDS 配置，实现数据采集、数据校正，然后对校正数据进行压缩后与网络进行通信，以节省无线通信流量与能耗。从图中可以看出 TEDS 配置是整个监测系统的核心，借助 TEDS 的合理配置，可完成风速、风向、温度、气压、水温、盐度、溶解氧和

pH 值等不同类型传感器的识别、参数配置、数据采集、数据校正，实现传感器的快速接入，同时网络数据包的压缩、封装等也都靠 TEDS 中保存的数据来协调和统一指挥。各个传感器的 TEDS 信息可以分别通过网络和本地操作进行在线设置和更改。用例图 2-18 采用 IEEE 1451.0 标准建模，使其涵盖 IEEE 1451.x（$x=1\sim7$）乃至后续子标准，保证系统的扩展性。

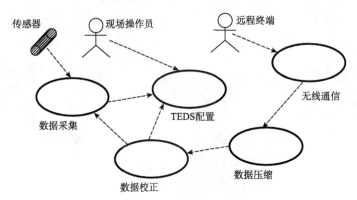

图 2-18　水环境监测系统传感器用例模型图

图 2-19 为 IEEE 1451.0 标准下系统的电子数据表格 TEDS 构成框图，为了扩展的需要共定义了以下几种数据类型，其中 Meta TEDS 用于描述通道组信息、TEDS 的数据结构等，Channel TEDS 用于描述传感通信通道，主要包括检测对象范围的上下限、物理单位、不确定性、数据模型、启动时间、触发参数和自检结果等，Calibration TEDS 用于校正信息，利用 NCAP 校正引擎使用设置的 TEDS 校正系数实现对传感原始数据的校正，其校正模型参数的选择和确定，需要根据实际传感模型、校正方法效率和能耗等方面综合考虑。而 Application Specific TEDS，Extension TEDS 分别用于特殊应用对象以及应用的功能扩展。

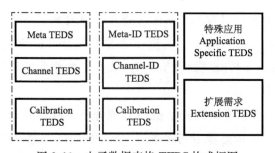

图 2-19　电子数据表格 TEDS 构成框图

由传感器用例模型，对各通道对应的、检测范围上下限、物理单位、传感器类型、厂商 ID 和校正模型等，严格按 TEDS 格式进行配置，由 STIM 模块通过 TII 接口，NCAP 模块可读取 STIM 中 TEDS 数据，从而知道与这个 STIM 模块的通信速度、通道数及每个通道上传感器的配置参数，完成传感器的"快速接入"。采用图 2-7 所示的即插即用过程的 UML 顺序图为传感器初始化及接入网络。该过程的参与者包括现场操作者、传感器、主控制器（系统），操作者先进行 TEDS 参数配置，然后在实际使用阶段，系统启动后对传感器进行自检，自检完成后向网络发送通信请求，并侦听网络，等待主控制器的响应；当传感器与主控制器建立通信连接后，向主控制器发送身份 ID 等 TEDS 识别参数，由主控制器识别并确认信息，主控制器根据存储的 TEDS 配置参数，向相应通道的传感器发送初始化 TEDS 配置参数等信息，完成初始化和网络接入，然后就可以实现参数的检测和数据的通信了。

2.5.3　海洋水环境监测系统实现

图 2-20 为开发的海洋渔业水环境数据采集监测子系统。该监测子系统通过热插拔传感元件的显示测试，关联的各数字、模拟传感元件均可以自动识别，实现了良好的快速接入，该系统采用工业级在线传感器，通过防水处理后，具有以下特点：①可准确稳定地监测记录水质及水上气象，适用于无人值守的远程监测；②太阳能充电，绿色环保，有效延长系统供电使用时间；③低功耗，系统的直流电源模块可确保系统在阴天环境下连续运行 10 天；④内建看门狗，异常自动恢复，保证系统稳定；⑤具有大的用户数据存储空间，可存储多达466033 条监测数据，满足大容量数据存储，也避免了在网络出现暂时性繁忙状态时数据丢失现象；⑥采用高精度时钟芯片和时间同步方法，时间精度高；⑦可实现动态部署，即无需布线，随时可移动、可拆卸、安装。系统经过试验测试，其相应的技术指标如表 2-1 所示。

表 2-1　系统技术参数

工作环境	$-20\sim+70℃$，$0\sim100\%RH$
时间精度	实时时钟，精度 20ppm，准确度优于 2 秒/月
通信方式	RS-232/GPRS
溶解氧	量程：$1\sim20mg/L$，分辨率：$0.1mg/L$
pH 值	量程：$0\sim14$，分辨率：$0.02pH$
盐度	量程：$8\sim36ppt$，分辨率：$0.1ppt$
水温	量程：$-4\sim40℃$，分辨率：$0.1℃$，精度：$\pm0.5℃$
气温	量程：$-10\sim70℃$，分辨率：$0.1℃$，精度：$\pm0.5℃$

相对湿度	量程：0~100%RH，分辨率：0.1%RH，精度：±3%RH
风　速	量程：0~70m/s，起动风速≤0.4m/s
风　向	量程：0~360°，起动风速≤0.3m/s
气　压	量程：300~1100hPa，分辨率：10Pa
电池电压	量程：8~16V，分辨率：0.1V，精度：±0.1V
箱内温度	量程：−40~85℃，分辨率：0.1℃，精度：±0.5℃
浮标摇晃程度	5个等级：静止、微、小、中、强

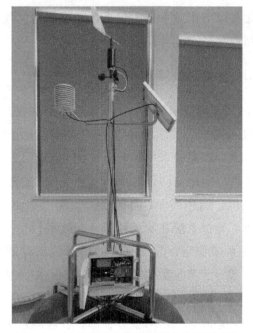

图 2-20　渔业海洋环境数据采集监测子系统

　　监测子系统采集监测参数后，将数据通过 GPRS 网络通信模式传输到云端的水环境监测服务器中，该服务器负责与分布各地的水环境信息采集控制系统通信交互，下发控制命令并接收处理终端监测数据，如图 2-21 所示。

　　云服务器的监测参数可以实现全方位的信息发布，利用 XML 数据统一建模方法，通过电脑 IE 浏览器、PAD 浏览器、手机客户端完成权限验证后即可实时查询水环境监测参数，如图 2-22 所示。系统通过研发、实际试验、运行，表明：①采用标准化的设计框架，通过传感器的快速接入方案的实施，可使系统开发时间大为减少，且便于后期系统维护；②系统采用 IEEE 1451.0 混合标准架构

图 2-21　水环境监测服务器

设计，使传感器、检测模块、通信模块分离，提高了在强电磁干扰环境下传感器通信性能，提升了系统可靠性；③采用标准化设计框架，便于系统功能及模块的后续扩展。

Internet浏览
任意联网电脑都可以通过权限验证后管理使用本系统

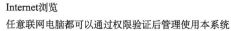

PAD浏览
通过平板电脑查询、管理本系统

手机客户端
通过手机查询浏览信息

图 2-22　全方位的信息发布

2.6　高精度智能应变检测仪的开发

应力应变检测在机械工程及重大制造装备、高铁、汽车、轮船等重要设备，核电安全壳、水轮机轴、蒸汽管道等电力动力关键设备，土木建筑及水利工程的大型构件，大型钢结构桥梁和道路涵隧工程，冶金、石油、化工重要设备等领域有着广泛的应用。项目"高精度可编程无线智能应变检测仪的研究与开发"拟通过检测应变，可实时掌握重要关键构件的应力、应变值，确保结构安全，防止重大事故的产生，减少经济损失，具有重要社会、经济价值。

2.6.1 高精度智能应变检测仪模型

为了便于实现工程构件应变的实时远程监测，与工业控制系统（CCS）实现有机融合，实现测、管、控的一体化，高精度智能应变检测仪将采用网络化传感系统模型设计，但由于工程构件的应变检测往往属于微弱信号测量，难于检测，需要有高精度的检测模块支撑才能够有效实现，它包括高稳定度电压基准源模块、双通道 PWM 闭环控制调节模块、高精度可编程控制电压源模块、多ADC 并联过采样高精度数据采集模块、恒流源高精度比例测量技术和应变校准模块，为此设计如图 2-23 所示的高精度网络化智能应变检测仪模型图[71]。

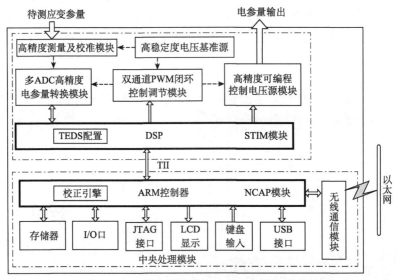

图 2-23　高精度网络化智能应变检测仪模型图

在模型中，高稳定度电压基准源是高精度仪器仪表的"心脏"，它直接影响仪器整机的测量精度；双通道 PWM 闭环控制调节模块主要是为了调节并扩大基准源的驱动负载能力；可编程电压源模块是为了便于进行传感器和信号的检测、校准和校验；高精度测量及校准模块主要针对目前微应变的高精度测量电路中存在的温度效应、桥路输出非线性、测量环境影响等问题，实现高精度检测；而多 ADC 并联过采样高精度数据采集模块则是利用过采样技术减小量化误差，获得与高分辨率 ADC 相同的信噪比，以增加被测数据的有效位数。

利用模型中的 TEDS 及校正引擎可实现对应变检测量的进一步自校正，以消除温湿度、噪声干扰等对应变检测量的影响。

2.6.2　高精度可编程基准源

高稳定度电压基准源模块、双通道 PWM 闭环控制调节模块、高精度可编程控制电压源模块的目的是为了获得高精度可编程可调的高稳定基准源，在设计时，高稳定度电压基准源模块采用隐埋工艺的齐纳二极管以提高精准源长期稳定度，采用稳压管恒电流驱动、温度补偿技术实现温漂小和低噪声，同时在元件选择上，选用低温漂、低噪声采样电阻，失调电压和失调电压漂移都小的差分运放，降低外围元件的噪声和温漂并提高恒流控制和温度补偿精度。

由于电压基准源输出的电压往往电压较低、负载能力弱，不能满足实际电路的需要，为此采用如图 2-24 所示的基于双通道 PWM 的闭环控制调节技术进行电压调节，它可以降低温漂、电阻网络的变化的影响，保证良好的输出端精度。

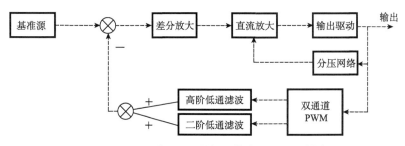

图 2-24　双通道 PWM 的闭环控制电压调节模块

由于电阻式应力、应变传感器，要求激励电压准度达到 0.01% 甚至更高。为此，采用权电压控制方法的基于双 16 位分辨率权电流数模转换器的 24 位数模转换器的方法实现高精度可编程电压源输出，其原理框图如图 2-25 所示。

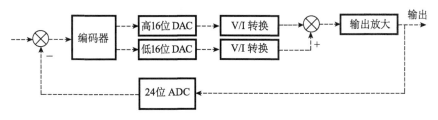

图 2-25　高精度可编程电压源原理框图

2.6.3　高精度测量与数据转换

　　针对目前微应变的高精度测量电路中存在的温度效应、桥路输出非线性、测量环境影响等问题，在高精度基准源的基础上，采用如图 2-26 所示的恒流源高精度比例测量技术进行测量。图中，R_1，R_2（两个应变片或一个应变片、一个补偿片）构成应变桥路，采用独立的双恒流源 I_1，I_2 作为桥路的激励，桥路的输出电压分别接入一个加法放大器和一个减法放大器，且恒流源激励和桥路输出采用独立的导线连接。通过零点电位跟随器，使桥路的公共端（它也是恒流源的电流回路）电位等于测量系统（应变仪）的零点电位。这种双恒流源法可以消除恒流源 I_1，I_2 的变化和 R_1，R_2 的变化等因素引入的读数误差以及传统电桥的非线性误差，六端连接则可消除导线电阻的影响，允许测点距离远。

　　其中：

$$U_{in}=AU_Rk\varepsilon \tag{2-1}$$

式中 U_{in} 和 U_R 分别为 A/D 转换器的模拟输入电压和参考电压；A 为差分放大器的放大倍数；k 为应变片的灵敏系数；ε 为被测应变量。由式（2-1）即可实现应变的比例测量。

　　设 A/D 转换器的转换关系为：$U_{in}=eN$（e 为刻度系数，单位为 V/字；N 为 A/D 转换结果的数字量），则被测微应变为

$$\mu\varepsilon=e'N \tag{2-2}$$

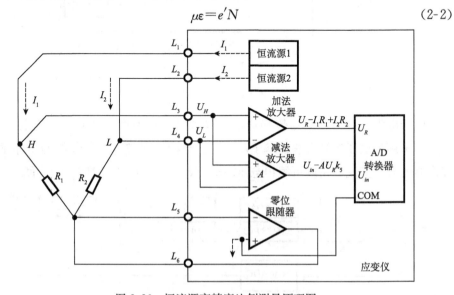

图 2-26　恒流源高精度比例测量原理图

式中 $e' = e/(AU_Rk) \times 10^6$，单位为 $\mu\varepsilon/$字。式（2-2）是基于上述测量原理的微应变数字化测量的基本关系式。

　　但在 ADC 数据采集过程中，热噪声、杂色噪声、电源噪声、参考电压波动、时钟不稳定以及量化误差等因素都会影响测量结果，这些噪声的噪声功率是可变的，可通过多种措施来减小噪声，过采样技术会减小量化误差和获得与高分辨率 ADC 相同的信噪比，以增加被测数据的有效位数。当噪声可以被近似为白噪声的情况下，过采样和求均值可以改善 SNR 和提高数据的有效分辨率。图 2-27 为基于多 ADC 过采样技术的高精度数据转换采集电路原理图。图中，输入模拟信号经高速的采样保持电路然后通过 A/D，最后通过并串转换输出高精度更高速的采样数据。时间分配器通过时间分配使各个 ADC 交替对输入进行采样，这样用多个高速采样保持电路和高速高精度 A/D 可以完成同样精度但更高速的 A/D 功能，对过采样结果进行数据处理可实现更高精度测量。

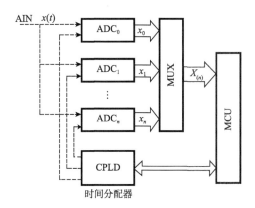

图 2-27　基于多 ADC 过采样技术的高精度数据转换采集电路原理图

　　当然，结合图 2-24 的检测仪模型图，在应变的测量过程中，还需要软硬件结合的通道校准技术，配置 TEDS，提高测量精度。

2.6.4　实验测试

　　基于高稳定度电压基准源模块、双通道 PWM 闭环控制调节模块、高精度可编程控制电压源模块、多 ADC 并联过采样高精度数据采集模块、恒流源高精度比例测量技术模块，项目完成了 STIM 模块中高精度基准源的开发，模块硬件实物图如图 2-28 所示。

　　测试时利用 PWM 调节模块将恒温控制的隐埋齐纳管基准电压模块提供的 7.19105V 左右电压调节到 10.000000V，图 2-29 为输出电压实测图，测量仪器

图 2-28 高精度基准源模块

为 Fluke 884661/2 万用表，采样频率 1Hz。可见，输出的电压精度达到 2ppm。图 2-30 为编程输出 2.250000V 时基准电压实测波形图，由图可见，该点基准电压输出精度优于 10ppm。采用该模块开展应变测量，在±60000.0$\mu\varepsilon$ 的测量范围内，测量误差初步测算，将可达到 0.05%FS。

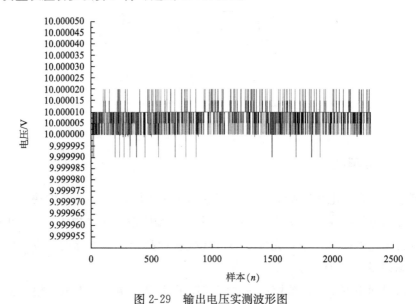

图 2-29 输出电压实测波形图

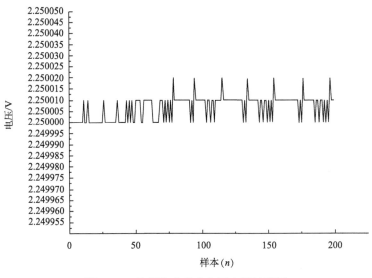

图 2-30　编程输出基准电压实测波形图

2.7　本章小结

（1）基于 IEEE 1451 混合接口标准，建立一个通用的多参数网络化监测系统模型，利用 UML 用例图、UML 协作图/顺序图来分别实现系统的功能建模和行为建模，通过部署视图实现从 UML 建模到传感系统硬件部署和代码的实现，完成传感器静态功能、动态描述的需求映射成物理构件和节点的机制与方法研究。同时，由用例模型图，严格按 TEDS 格式，完成对各传感器通道对应的检测范围上下限、物理单位、传感器类型、厂商 ID 和校正模型等进行配置，实现传感器的快速接入及初始化。

（2）基于多参数网络化监测系统模型，研究数据交换动态描述和数据统一建模方法，它基于监控数据通信 UML 顺序图，利用 UML 图形化技术进行 XML 数据建模，用 XML 统一监控系统的数据交换接口和规范监控系统数据的封装格式，将系统数据获取方式、分布式传感与控制提升到一个更高层面，实现测控系统跨平台数据表示、交换和存储，为实现监控系统与其他异构信息平台的交互打下基础。

（3）在室内微环境监测系统的研发中，完成了一个从监测系统传感器用例模型图到监测系统最后构建的完整实现过程，研究表明基于面向对象建模方法和 IEEE 1451 标准化的架构,可支持系统全过程开发,为复杂网络化智能监测系统建模设计提供全面解决方案。通过标准化架构设计、数据统一建模方案的实现,可使监测系统更具通用性,便于系统的后期维护、功能及模块的扩展。

（4）基于 IEEE 1451 标准及系统建模模型,建立海洋渔业养殖水环境监测系统,海洋渔业养殖水环境监测系统采用工业级在线传感器和太阳能供电,通过防水处理后,具有准确稳定、低功耗、绿色环保、异常自动恢复、大数据存储、高精度时钟精度、可动态部署等优点,可自动准确监测溶解氧、pH 值、盐度、水温、气温、相对湿度、气压、风速风向、浮标摇晃程度、电池电压、控制箱温度等参数,并通过云端服务器,可实现信息的全方位发表。

（5）为实现工程构件的微应变高精度检测和便于测、管、控的一体化,采用网络化监测系统通用模型,设计了一个高精度网络化智能应变检测仪模型,该模型的高精度基准源模块,包括高稳定度电压基准源模块、双通道 PWM 闭环控制调节模块、高精度可编程控制电压源模块、多 ADC 并联过采样高精度数据采集模块、恒流源高精度比例测量技术模块。

第3章 基于多项式外模型-内模型 NPLS 的多传感信息预处理与建模

在物联网系统的多传感信息处理与建模应用中，有限的预处理有助于模型的确定和降低模型的复杂度，在多传感信息系统的降维应用方面，PLS 方法具有非模型方式的数据认识性分析和模型优化分析的优点。对于多传感信息之间存在的非线性问题，可以综合利用基于多项式外模型 NPLS 方法和多项式内模型 NPLS 方法，可望解决内外模型在应用中难于确定非线性项的问题。在本章中，将深入研究 PLS 在变量筛选、降维中的应用方法和探讨基于多项式外模型 NPLS 方法和多项式内模型 NPLS 方法的综合建模方法，在此基础上，研究一种具有变量筛选及非线性建模功能的多项式外模型-内模型 NPLS 多传感信息预处理与建模方法。

3.1 基于多项式外模型-内模型 NPLS 的多传感信息预处理与建模框架

基于多项式外模型-内模型 NPLS 的多传感信息预处理与建模框架如图 3-1 所示。该框架前后分为两部分，前部分用 PLS 方法进行辅助分析，实现多传感信息预处理，对传感信息系统适度降维；后部分用多项式外模型-内模型 NPLS 方法进行建模，完成 Y（y_1，y_2，…，y_{q_y}）与 X（x_1，x_2，…，x_{p_x}）之间非线性建模。

图 3-1　基于多项式外模型-内模型 NPLS 的多传感信息预处理与建模框架

预处理与建模框架选用 PLS 方法进行辅助分析，是因 PLS 回归建模中数据简化过程提取每一主成分都是原变量集的线性组合，未能从根本上减少进入回归模型的自变量数，但若利用 PLS 模型中自变量与因变量之间的一些解释性指标进行变量筛选，则可实现多传感信息系统的适度降维。至于提出多项式外模型-内模型 NPLS 建模方法是基于 NPLS 方法多采用单独的内模型和外模型[72]，内模型只是在中间过程（内部关系）体现非线性，外模型则难以确定添加什么非线性项。若能通过内外模型双层非线性化，则不仅在外模型上能很好地体现出反应变量 Y 与解释变量 X 之间的非线性关系，而且通过在内模型上解释潜变量 T 与反应潜变量 U 的非线性回归，可使建模准确度得到提高，多项式外模型-内模型 NPLS 建模方法融合了多项式外模型 NPLS 方法和多项式内模型 NPLS 方法的优点。

从另外一个角度讲，多项式外模型-内模型 NPLS 建模方法通过多项式外模型，会对输入矩阵 X 中的原始变量进行平方项和它们各自交积项的变量扩展，使多项式外模型-内模型 NPLS 建模方法所建模型存在输入矩阵过大的问题。因此，在多项式外模型-内模型 NPLS 建模前端，引入基于 PLS 的预处理实现变量筛选，可使多项式外模型-内模型 NPLS 建模方法更有实用意义。

3.1.1　PLS 回归分析方法的外模型与内模型

为了更好地研究基于 PLS 的多传感信息预处理方法，下面有必要先对 PLS 回归方法基本原理的外模型、内模型等概念进行阐述及分析。

PLS 回归分析方法的内、外部模型结构由图 3-2 表示，图中多变量系统 $X(x_1, x_2, \cdots, x_{p_x})$ 和 $Y(y_1, y_2, \cdots, y_{q_y})$，通过 PLS 回归的重新组合和提取，可得到既对 Y 解释能力最强、对 X 又最能概括的综合变量 $T(t_1, t_2, \cdots, t_m)$ 和 $U(u_1, u_2, \cdots, u_m)$ $(m < p_x)$。PLS 回归分析后，可以获得两种模型，即解释变量 X 与反应变量 Y 间的外部模型，解释潜变量 T 和反应潜变量 U 间的内部模型。

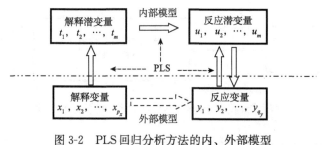

图 3-2　PLS 回归分析方法的内、外部模型

1. 外部模型

可描述为如下数学关系:

$$
\begin{cases}
X = TP^{\mathrm{T}} + E_m = \displaystyle\sum_{i=1}^{m} t_i p_i^{\mathrm{T}} + E_m \\[2mm]
Y = UQ^{\mathrm{T}} + F_m = \displaystyle\sum_{i=1}^{m} u_i q_i^{\mathrm{T}} + F_m \ \text{或}\ Y = TR^{\mathrm{T}} + F_m = \displaystyle\sum_{i=1}^{m} t_i r_i^{\mathrm{T}} + F_m
\end{cases}
\tag{3-1}
$$

式中各种符号所表示的意义为:

(1) PLS 成分数 m 表示 PLS 回归提取的潜变量个数。m 过少,将不足以反映反应变量的变化;m 过多会使系统噪声混入模型,造成过拟合。m 可以采用交叉有效性分析方法确定[73]。对于全部因变量 Y,m 的判定过程如下:

对于实测变量 $y_{ji}(i=1\sim n)$,记 $\hat{y}_{ji}(m)$ 是使用所有的样本点,并拟合 m 个成分的 PLS 回归方程在第 i 个样本点的预测值,则可定义 y_j 的误差平方和为

$$
\mathrm{SS}_j(m) = \sum_{i=1}^{n} (y_{ji} - \hat{y}_{ji}(m))^2
$$

可算出所有因变量 Y 的误差平方和为 $\mathrm{SS}(m) = \displaystyle\sum_{j=1}^{q_y} \mathrm{SS}_j(m)$。记 $\hat{y}_j(-i)(m)$ 为删去样本点 i 并进行 PLS 回归建模后 y_{ji} 的预测值,则 y_j 的预测误差平方和为

$$
\mathrm{PRESS}_j(m) = \sum_{i=1}^{n} (y_{ji} - \hat{y}_j(-i)(m))^2
$$

Y 的预测误差平方和

$$
\mathrm{PRESS}(m) = \sum_{j=1}^{q_y} \mathrm{PRESS}_j(m)
$$

那么对于全部因变量 Y,成分 m 的交叉有效性定义为

$$
Q_m^2 = 1 - \frac{\mathrm{PRESS}(m)}{\mathrm{SS}(m-1)}
$$

如果 Q_m^2 大于 0.0975,表明加入成分能改善模型质量,否则没有意义,从而实现 PLS 主元数 m 的判定工作。

(2) E_{i-1} 与 F_{i-1} $(i=1,\ 2,\ \cdots,\ m+1)$ 分别为 PLS 回归过程中 X,Y 的残差矩阵,它们的初值 E_0,F_0 由 X,Y 标准化后得到。

(3) w_i 为解释变量的转换权向量,表示各成分中解释变量 X 的贡献,它由 $E_{i-1}^{\mathrm{T}} F_{i-1} F_{i-1}^{\mathrm{T}} E_{i-1}$ 矩阵最大特征值的单位特征向量得到。

(4) T 为解释潜变量，由 $t_i = E_{i-1}w_i = \sum_{j=1}^{p} w_{ij}x_j$ 公式计算，它反映了解释变量 X 在 W $(w_1,w_2,\cdots,w_m)$ 轴上的变异信息。

(5) P 为解释变量的负荷向量，有 $p_i = \dfrac{E_{i-1}^T t_i}{\|t_i\|^2}$，它是提取 PLS 成分 t_i 后获得的回归系数。

(6) U 为反应潜变量，由 $u_i = F_{i-1}c_i$ 公式计算，它反映了反应变量 Y 在 C $(c_1,c_2,\cdots,c_m)$ 轴上的变异信息。

(7) c_i 为反应变量的转换权向量，由 $F_{i-1}^T E_{i-1} E_{i-1}^T F_{i-1}$ 矩阵最大特征值的单位特征向量得到。

(8) Q，R 都为反应变量的负荷向量，分别有 $q_i = \dfrac{F_{i-1}^T u_i}{\|u_i\|^2}$，$r_i = \dfrac{F_{i-1}^T t_i}{\|t_i\|^2}$ 计算得到，它们分别是 PLS 从反应变量 Y 中提取 u_i，t_i 后获得的回归系数。

2. 内部模型

可描述为如下数学关系：

$$\begin{cases} b_i = \dfrac{u_i^T t_i}{t_i^T t_i} \\ \hat{u}_i = b_i t_i \text{ 或 } \hat{U} = TB \end{cases} \tag{3-2}$$

b_i 是计算得到的内部模型系数。在 PLS 变换中，每次所得的 PLS 潜变量 t_i 与 u_i 的协方差为最大值，这使得经过正交变换得到的 t_i 中，排在前面的 t_1 的协方差值为最大，排在后面的 t_i $(i>1)$ 协方差值较小，含较多的噪声成分，从而实现噪声分离。

由外、内模型的数学关系式，得到 PLS 模型为

$$\hat{Y} = TBQ^T = \sum_{i=1}^{m} b_i t_i q_i^T \tag{3-3}$$

根据 T 与 X 间的关系：$t_i = E_{i-1}w_i = X\hat{w}_i \left(\hat{w}_1 = w_1, \hat{w}_h = \prod_{i=2}^{h-1}(I_{p_x} - \hat{w}_i p_i^T), h=2,3,\cdots,m\right)$，以及负荷向量表达式 $q_i = \dfrac{F_{i-1}^T u_i}{\|u_i\|^2}$，$r_i = \dfrac{F_{i-1}^T t_i}{\|t_i\|^2}$ 和内模型关系式 (3-2)，可得到 X 与 Y 的回归模型为

$$\hat{Y} = X\hat{B}, \quad \hat{B} = \hat{W}BQ^T = \hat{W}R^T \tag{3-4}$$

PLS 在提取 m 个成分后，可得解释潜变量 T $(t_1,t_2,\cdots,t_m)$，解释变量转换权矩阵 W $(w_1,w_2,\cdots,w_m)$，解释变量负荷向量矩阵 P $(p_1, p_2,\cdots,$

p_m），反应潜变量 U（u_1，u_2，$\cdots$，u_m），反应变量转换权矩阵 C（c_1，c_2，$\cdots$，c_m），反应变量负荷向量矩阵 Q（q_1，q_2，$\cdots$，q_m）和 R（r_1，r_2，$\cdots$，r_m），以及 PLS 回归系数。PLS 回归分析的相关参数如图 3-3 所示。

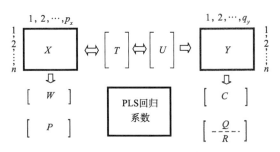

图 3-3　PLS 回归分析的相关参数

由图 3-3 可知，PLS 分析方法可以分解回归模型中解释变量和反应变量的空间结构，了解各变量之间的结构关系和相互影响，并能够对之作出较好的定量或者半定量性解释。因此，PLS 回归分析方法除了可以提供合理的外、内解释模型，还可以借助 PLS 回归过程中分解得到的参数进行相关分析的研究，提供更加丰富、深入的系统信息。若能使这些系统信息反映在 X 与 Y 的模型及其准确度关系上，将能够用于多传感信息的预处理，实现对变量的筛选。

3.1.2　多项式外模型-内模型 NPLS 建模方法的模型结构

图 3-4（a），（b）分别为多项式外模型 NPLS、多项式内模型 NPLS 建模方法的模型结构图。多项式外模型 NPLS 建模方法先对原始变量进行多项式外模型变换，然后提取 t_1，u_1，建立 t_1，u_1 的线性内部模型，计算提取 t_1，u_1 后的残差 E_1，F_1，再对残差 E_1，F_1 进行外、内模型变换直至成分 m（由交叉有效性确定）；多项式内模型 NPLS 建模方法则刚好相反，它在提取 t_1，u_1 后，在内模型进行多项式非线性化，估计得到新的反应潜变量 a_1，以此计算残差 F_1。结合多项式外模型 NPLS、多项式内模型 NPLS 建模方法的模型结构图，多项式外模型-内模型 NPLS 建模方法的模型结构可由图 3-5 表示。多项式外模型-内模型 NPLS 建模方法，有一个非常重要的问题就是必须解决好如何使基于多项式外模型 NPLS 方法和多项式内模型 NPLS 方法的外、内部数学模型能够有效的综合，建立出简洁的双层多项式非线性结构模型。

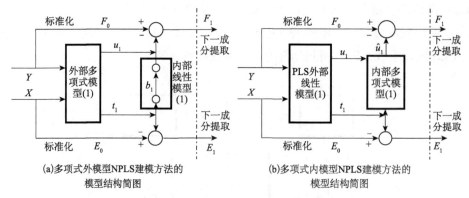

(a) 多项式外模型 NPLS 建模方法的
模型结构简图   (b) 多项式内模型 NPLS 建模方法的
模型结构简图

图 3-4   多传感信息 NPLS 建模方法的模型结构图

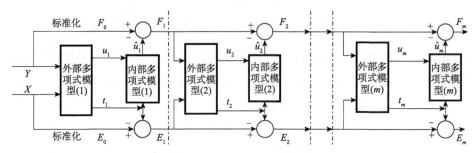

图 3-5   多项式外模型-内模型 NPLS 建模方法的模型结构图

3.2   基于 PLS 的多传感信息预处理

前面已经叙述，在多项式外模型-内模型 NPLS 建模前端，引入基于 PLS 的预处理实现变量筛选，可使多项式外模型-内模型 NPLS 建模方法更有实用意义。

3.2.1   基于变量投影重要性-PLS 回归系数变量筛选方法

由 3.1.1 小节可知，x_j，w_{ij}，t_i 和 Y 存在如下的函数传递关系：

$$\begin{cases} t_i = E_{i-1}w_i = \sum_{j=1}^{p} w_{ij}x_j \\ \hat{Y} = X\hat{B}, \hat{B} = \hat{W}BQ^{\mathrm{T}} = \hat{W}R^{\mathrm{T}} \\ R = [r_1, r_2, \cdots, r_m], r_i = \dfrac{F_{i-1}^{\mathrm{T}}t_i}{\parallel t_i \parallel^2} \end{cases} \quad (3\text{-}5)$$

可以看出 PLS 回归系数 $\hat{B}$ 可由转换权系数 w_{ij}、成分 t_i 计算得到，而转换权系数 w_{ij} 又可观察成分 t_i 中各自变量的贡献，$\hat{B}$ 可全面反映自变量对 Y 的解释作用。因此，可选择转换权系数 w_{ij} 和 PLS 回归系数 $\hat{B}$ 作为变量筛选方法关键参数，但实际应用起来显得比较复杂[74,75]。为此，在文献［76］中，提出使用 PLS 变量投影重要性 VIP（Variables Importance in Prejection）来测度自变量 x_j 对反应变量集合的解释作用，实现自变量的筛选。自变量 x_j 的 VIP_j 指标计算公式如下：

$$\text{VIP}_j = \sqrt{\frac{p_x}{R_d(Y;t_1,\cdots,t_m)}\sum_{i=1}^{m}R_d(Y;t_i)w_{ij}^2} \tag{3-6}$$

式中，p_x 为解释变量个数，m 为成分数，R_d（Y；t_i）表示成分 t_i 对反应变量集合 Y 的综合解释能力，R_d（Y；t_1，$\cdots$，t_m）表示所有 m 个成分对解释变量集合 Y 的综合解释能力。存在：

$$\begin{cases} R_d(Y;t_i) = \dfrac{1}{q_y}\sum_{k=1}^{q_y}r^2(y_k,t_i) = \dfrac{1}{q_y}\sum_{k=1}^{q_y}\dfrac{\text{Cov}(y_k,t_i)^2}{\text{Var}(y_k)\cdot\text{Var}(t_i)} \\ R_d(Y;t_1,\cdots,t_m) = \sum_{k=1}^{m}R_d(Y;t_i) \end{cases} \tag{3-7}$$

式中，Cov 表示协方差，Var 表示方差。

从 VIP_j 指标计算公式可以看出：x_j 对 Y 的解释是通过 t_i 来传递的，如果 t_i 对 Y 的解释能力很强，且 x_j 在构造 t_i 时 $\left(t_i = \sum_{j=1}^{p}w_{ij}x_j\right)$ 又起到了相当重要的作用，则存在 R_d（Y；t_i）和 w_{ij} 取很大的值，最终使得 VIP_j 指标也很大，表示 x_j 对解释 Y 有很重要的作用。因此，VIP_j 指标不但体现了 w_{ij} 的解释作用，而且还体现了 t_i 的解释作用。另一方面，VIP_j 存在：

$$\sum_{j=1}^{p_x}\text{VIP}_j^2 = \sum_{j=1}^{p_x}\frac{p_x\sum_{i=1}^{m}R_d(Y;t_i)w_{ij}^2}{R_d(Y;t_1,\cdots,t_m)} = \frac{p_x\sum_{i=1}^{m}R_d(Y;t_i)}{R_d(Y;t_1,\cdots,t_m)}\sum_{j=1}^{p_x}w_{ij}^2 = p_x \tag{3-8}$$

因此，对 p_x 个自变量 x_j，如果它们对 Y 的解释作用都一样，则所有的 VIP_j 都为 1。如果 VIP_j 大于 1，则认为自变量 x_j 很重要，如果小于 1 则认为自变量 x_j 不那么重要。但有时存在若干个自变量的 VIP_j 取值均衡的情况，若只简单以 VIP_j 作为变量筛选条件，会出现误筛选的现象，所以必须综合考虑 VIP_j 指标和 PLS 回归系数，并通过 X，Y 回归模型在变量筛选过程中的准确度变化 ΔE_l 来实现变量筛选。为此，设计如下的变量投影重要性-PLS 回归系数变量筛选方

法，其实现过程如图 3-6 所示，具体为

（1）利用 PLS 建立全部数据的模型，并计算各解释变量的 VIP_j。

（2）根据 VIP_j 指标和 PLS 回归系数，先选择 VIP_j 指标很小和 PLS 回归系数很小的 l 个解释变量进行筛选。

（3）将 l 个解释变量去掉，计算 PLS 模型拟合误差的增加值 ΔE_l，如果 ΔE_l 小于给定阈值则完成变量选择，反之则在 l 个解释变量中选择 VIP_j 乘 PLS 回归系数最大的解释变量 x_{i_k}（$k=1$，2，…，l）参与 PLS 回归计算，计算 ΔE_{l-1}，如果 ΔE_{l-1} 小于给定阈值则完成变量选择，大于则计算 $\Delta Ex_{i_k}=\Delta E_l-\Delta E_{l-1}$，如果 ΔEx_{i_k} 小，表示刚入选的变量对建模影响小，筛选掉，否则表示该变量对建模影响大，为入选变量，然后继续进行变量筛选，直至 PLS 模型拟合误差的增加值小于给定阈值。

（4）有效性验证。计算变量筛选前后 PLS 模型的交叉有效性相关系数 CR，通过 $\Delta\text{CR}=\text{CR}_{bf}-\text{CR}_{af}$ 变化来进行有效性验证，其中 CR_{bf}，CR_{af} 分别为筛选前后的 CR 值。当 ΔCR 越小或者为负数时，表明变量筛选方法越有效。CR 的定义如下：

$$\text{CR}=\sqrt{1-\frac{\text{PRESS}}{S_y}} \tag{3-9}$$

$S_y=\sum_k(y_k-\hat{y}_k)^2$ 为变量 y 的总方差。CR 越接近于 1，说明模型越可靠。

变量投影重要性-PLS 回归系数变量筛选方法与逐步回归筛选方法相比，由于逐步回归筛选法采用的是逐个增加变量的方法（正向选择法）结合逆向选择法，它在变量筛选时，如果在保留的变量有所变化后，此前被删除的变量对建模的影响也会改变，故应重新考虑对其的删除，其计算过程繁复。而本书所述的变量筛选法有所不同，在变量的实际删除过程中，其稳定性好，起伏小，不容易遗漏重要变量，计算过程较简单。另外，本变量筛选方法与文献［74］，［75］中的变量筛选方法相比，从计算原理上讲，变量投影重要性-PLS 回归系数变量筛选法并不需要逐个地考察每个自变量的重要性，因此当模型中变量个数很大时，其计算量小的优势将特别明显。

3.2.2　变量筛选准则 ΔE_l 的计算

变量投影重要性-PLS 回归系数变量筛选法是通过 ΔE_l 来进行变量筛选的。下面将根据 PLS 外-内模型数学关系式，推导删除 l 个自变量（x_{i_1}，x_{i_2}，…，

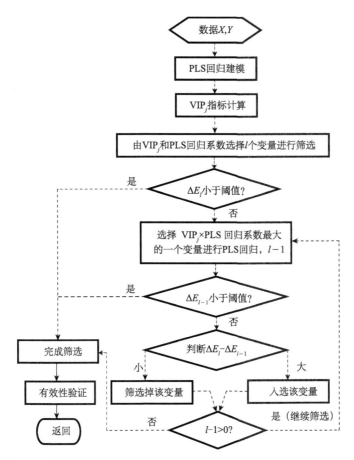

图 3-6　基于变量投影重要性-PLS 回归系数变量筛选方法的实现流程

x_{i_l}）后 PLS 回归模型拟合误差的增加值 ΔE_l 的计算公式，实现对它的快速计算。

先令 $F_m = E_Y(R^T)$，由 PLS 外模型公式（3-1），可得到

$$Y = TR^T + E_Y(R^T) \qquad (3\text{-}10)$$

$E_Y(R^T)$ 为拟合误差。那么变量筛选前 PLS 回归模型的拟合误差 $E_Y(R^T)$ 为

$$E_Y(R^T) = (Y - TR^T)^T(Y - TR^T) \qquad (3\text{-}11)$$

根据公式（3-4），PLS 回归方程可表示为

$$Y = X\hat{B} + E_Y(R^T) = X\hat{W}R^T + E_Y(R^T) \qquad (3\text{-}12)$$

删除 l 个自变量后，即是令（3-12）中 $\hat{B}$ 对应的回归系数 $b_j = 0$（$j = i_1, i_2, \cdots, i_l$），回归系数矩阵变为 $\hat{B}'$，同样 R^T 的相应项也变为 0，变为 R'^T，并存在 $\hat{B}' = \hat{W}R'^T$，则有

$$I_l^{\mathrm{T}} \hat{W} R'^{\mathrm{T}} = R' \hat{W}^{\mathrm{T}} I_l = 0 \tag{3-13}$$

I_l 是第 j $(j = i_1, i_2, \cdots, i_l)$ 个分量为 1，其余为 0 的特殊矢量。

求删除 l 个自变量后 PLS 回归模型的拟合误差 $E_Y(R'^{\mathrm{T}})$，即是以公式 (3-13) 为约束条件，用拉格朗日法构造如下的目标函数，求 $E_Y(R'^{\mathrm{T}})$ 的极小值：

$$E_Y(R'^{\mathrm{T}}) = (Y - TR'^{\mathrm{T}})^{\mathrm{T}}(Y - TR'^{\mathrm{T}}) + 2\lambda I_l^{\mathrm{T}} \hat{W} R'^{\mathrm{T}} \tag{3-14}$$

对 $E_Y(R'^{\mathrm{T}})$ 求导数并令其等于 0：

$$\frac{\partial E_Y}{\partial R'^{\mathrm{T}}} = -2T^{\mathrm{T}}(Y - TR'^{\mathrm{T}}) + 2\lambda I_l^{\mathrm{T}} \hat{W} = 0$$

$$T^{\mathrm{T}} TR'^{\mathrm{T}} = T^{\mathrm{T}} Y - \lambda I_l^{\mathrm{T}} \hat{W} \tag{3-15}$$

$$R'^{\mathrm{T}} = (T^{\mathrm{T}} T)^{-1} T^{\mathrm{T}} Y - \lambda (T^{\mathrm{T}} T)^{-1} I_l^{\mathrm{T}} \hat{W} = R^{\mathrm{T}} - \lambda (T^{\mathrm{T}} T)^{-1} I_l^{\mathrm{T}} \hat{W}$$

用 $I_l^{\mathrm{T}} \hat{W}$ 左乘公式 (3-15)，由 (3-13) 式，可得到 $\lambda = I_l^{\mathrm{T}} \hat{W} R^{\mathrm{T}} / I_l^{\mathrm{T}} \hat{W} (T^{\mathrm{T}} T)^{-1} I_l^{\mathrm{T}} \hat{W}$。那么拟合误差 $E_Y(R'^{\mathrm{T}})$ 为

$$E_Y(R'^{\mathrm{T}}) = (Y - TR^{\mathrm{T}} + \lambda T(T^{\mathrm{T}} T)^{-1} I_l^{\mathrm{T}} \hat{W})^{\mathrm{T}}(Y - TR^{\mathrm{T}} + \lambda T(T^{\mathrm{T}} T)^{-1} I_l^{\mathrm{T}} \hat{W})$$

$$= (Y - TR^{\mathrm{T}})^{\mathrm{T}}(Y - TR^{\mathrm{T}}) + \lambda^2 \hat{W}^{\mathrm{T}} I_l (T^{\mathrm{T}} T)^{-1} I_l^{\mathrm{T}} \hat{W}$$

$$= E_Y(R^{\mathrm{T}}) - \lambda^2 \hat{W}^{\mathrm{T}} I_l (T^{\mathrm{T}} T)^{-1} I_l^{\mathrm{T}} \hat{W}$$

上式中，由于 $(T^{\mathrm{T}} T)^{-1} T^{\mathrm{T}} (Y - TR^{\mathrm{T}}) = 0$，则其推导过程中的交叉项为 0。

得到删除 l 个自变量后 PLS 回归拟合误差的增加值 ΔE_l 为

$$\Delta E_l = E_Y(R'^{\mathrm{T}}) - E_Y(R^{\mathrm{T}}) = \lambda^2 \hat{W}^{\mathrm{T}} I_l (T^{\mathrm{T}} T)^{-1} I_l^{\mathrm{T}} \hat{W} \tag{3-16}$$

在式 (3-16) 中，由于 T 为正交矩阵，则 $T^{\mathrm{T}} T$ 为对角阵，而 I_l 是特殊矢量，因此该公式容易计算。

经研究表明，在进行变量筛选时，如果 $\Delta E_l \leqslant \frac{l}{4p_x} E_Y(R^{\mathrm{T}})$，即为平均拟合误差贡献率 $\frac{l}{p_x} E_Y(R^{\mathrm{T}})$ 的四分之一时，认为 ΔE_l 变化小，符合筛选变量的要求。

3.2.3 基于 PLS 回归系数的试验设计

在变量投影重要性-PLS 回归系数变量筛选的基础上，通过试验设计，可以利用有限实验次数获得的实验数据，实现多传感信息系统的准确建模。在试验设计方法中，均匀试验设计是考虑试验点在试验范围内均匀散布的一种试验设计方法，它特别适合于多因素多水平的试验和系统模型完全未知的情况。为此，下面将进行多传感信息系统的均匀试验设计。

在 PLS 模型中，PLS 回归系数反应了解释变量对反应变量的影响（加权权值），因此可以基于 PLS 回归系数并结合各因素的取值范围，对均匀试验的因素水平进行设计。基于 PLS 回归系数的均匀试验方法原理如下。

先根据实践经验对传感系统进行均匀设计，获得实验数据。对实验数据进行 PLS 回归建模，得到回归模型 $\hat{y}_j^* = \alpha_{j1}x_1^* + \alpha_{j2}x_2^* + \cdots + \alpha_{jm}x_m^*$。由于各 PLS 回归系数之间通常相差较大，则对系数 α_{ji} 进行归一化计算，得到 α'_{ji}。

由归一化回归系数 α'_{ji} 计算各自变量的试验水平。先引入距离向量 T，设

$$T_{ji} = c_{ji}\alpha'_{ji}s_{ji} \tag{3-17}$$

式中 c_{ji} 是各因素取值范围的权重值，由经验和试验的成本确定。s_{ji} 是第 i 个变量的取值范围，则水平的计算公式为

$$L_{ji} = \mathrm{int}\left(\frac{T_{ji}}{\eta_i}\right) = \mathrm{int}\left(\frac{c_{ji}a_{ji}s_{ji}}{\eta_i}\right) \tag{3-18}$$

式中 η_i 为取值步长。通过式（3-18）可确定各因素的水平，并在此基础上可根据实际需要做相应修改。

根据 PLS 回归系数方法确定的因素水平以及初始实验的结果，重新安排部分实验，并根据新的实验数据进行多传感信息系统的精确建模。

3.3　多项式外模型-内模型 NPLS 的数学建模过程

基于图 3-5 所示的多项式外模型-内模型 NPLS 建模方法的模型结构，下面研究实现多项式外模型-内模型 NPLS 的数学建模过程。

由多传感信息系统的输入、输出变量 X 和 Y，用多项式外模型 NPLS 方法可确定 Y 与 X 之间的变量关系如下

$$[y_1, y_2, \cdots, y_{q_y}] = [x_1, x_2, \cdots, x_{p_x}, x_1^2, x_2^2, \cdots, x_{p_x}^2, x_1x_2, x_2x_3, \cdots, x_{p_x}x_1]A$$

$$\tag{3-19}$$

A 为系数矩阵。由多项式外模型 NPLS 方法建立外模型 Y 与 X 之间非线性关系之后，对模型进行线性化，得到线性模型如下：

$$Y = \alpha_0 + \alpha_1X_1 + \alpha_2X_2 + \cdots + \alpha_qX_p + \varepsilon$$

其中 ε 为线性化误差项。对新的多传感信息系统变量 X'（$X' = [X_1, X_2, \cdots, X_p] = [x_1, x_2, \cdots, x_{p_x}, x_1^2, x_2^2, \cdots, x_{p_x}^2, x_1x_2, x_2x_3, \cdots, x_{p_x}x_1]$）与 Y 进行标准化预处理，可得到 E_0，F_0：

$$\begin{cases} E_0 = (E_{01}, E_{02}, \cdots, E_{0p})_{n \times p}, E_{0i} = X_i^* = \dfrac{X_i - E(X'_i)}{S_{X'_i}} (i = 1, 2, \cdots, p) \\[3mm] F_0 = (F_{01}, F_{02}, \cdots, F_{0q})_{n \times q_y}, F_{0j} = Y_j^* = \dfrac{Y_j - E(Y_j)}{S_{Y_j}} (j = 1, 2, \cdots, q_y) \end{cases}$$

$$(3-20)$$

E_0，F_0 分别为 X'，Y 的标准化矩阵；$E(X'_i)$，$E(Y_j)$ 分别为 X'，Y 的均值；$S_{X'_i}$，S_{Y_j} 分别为 X'，Y 的均方差，n 为样本容量。

下面由 X' 和 Y 标准化后的 E_0，F_0 计算第一成分 t_1。先计算转换权向量 w_1，w_1 为 $E_0^{\mathrm{T}} F_0 F_0^{\mathrm{T}} E_0$ 的最大特征根对应的特征向量，计算后归一化使得 $\| w_1 \| = 1$。

由 w_1 可计算出第一个成分 t_1：

$$t_1 = E_0 w_1 \tag{3-21}$$

求得成分 t_1 后，根据多项式内模型 NPLS 方法原理，采用 $u = k_0 + k_1 t + k_2 t^2 + h$ 对内模型进行多项式非线性回归分析（h 为拟合误差）。假设变量 $V_1 = [1 \quad t_1 \quad t_1^2] \in \mathbf{R}^{n \times 3}$，使得

$$u_1 = k_0 + k_1 t_1 + k_2 t_1^2 + h = [1 \quad t_1 \quad t_1^2] \begin{bmatrix} k_0 \\ k_1 \\ k_2 \end{bmatrix} + h_1 \tag{3-22}$$

式中 k_0，k_1，k_2 是多项式系数，令 $a_1 = [k_0 \quad k_1 \quad k_2]^{\mathrm{T}}$，则有

$$u_1 = V_1 a_1 + h_1 \tag{3-23}$$

参数 a_1 的最小二乘估计为

$$\hat{a}_1 = (V_1^{\mathrm{T}} V_1)^{-1} V_1^{\mathrm{T}} u_1 \tag{3-24}$$

由 $F_0 = u_1 q_1^{\mathrm{T}} + F_1$，引入向量 D_1，可得 $F_0 = V_1 a_1 q_1^{\mathrm{T}} + F_1 = V_1 D_1^{\mathrm{T}} + F_1$。其中 D_1 存在

$$D_1^{\mathrm{T}} = a_1 q_1^{\mathrm{T}} \tag{3-25}$$

由外模型数学变换，得到 q_1 的估计值为

$$\hat{q}_1 = \frac{F_0^{\mathrm{T}} u_1}{\| u_1 \|^2} \tag{3-26}$$

由上述关系式，求得 D_1 的最小二乘估计为

$$\hat{D}_1 = \frac{\hat{a}_1 \hat{q}_1^{\mathrm{T}} = (V_1^{\mathrm{T}} V_1)^{-1} V_1^{\mathrm{T}} u_1 u_1^{\mathrm{T}} F_0}{\| u_1 \|^2} \tag{3-27}$$

从而确定了 t_1，u_1，V_1，D_1。根据交叉有效性分析法检验循环迭代步数是否合适（确定成分数 m），假如不合适，采用以上的方法，进行成分 t_2 的迭代计算；否则，结束迭代。

由 t_1，V_1，D_1 构造残差矩阵

$$\begin{cases} E_1 = E_0 - t_1 p_1^{\mathrm{T}} \\ F_1 = F_0 - V_1 D_1^{\mathrm{T}} \end{cases} \tag{3-28}$$

式中 $p_1 = \dfrac{E_0^{\mathrm{T}} t_1}{\parallel t_1 \parallel}$，$V_1$ 可认为是内模型多项式非线性化后估计得到的新反应潜变量 $\hat{u}_1$。

根据同样的计算方法求 t_2，u_2，V_2，D_2，如此循环反复，直到获得足够的成分数 m 为止。经过 m 次循环迭代计算，得到标准化变量的回归方程为

$$\begin{cases} E_0 = t_1 p_1^{\mathrm{T}} + t_2 p_2^{\mathrm{T}} + \cdots + t_m p_m^{\mathrm{T}} + E_m \\ F_0 = V_1 D_1^{\mathrm{T}} + V_2 D_2^{\mathrm{T}} + \cdots + V_m D_m^{\mathrm{T}} + F_m \end{cases} \tag{3-29}$$

在完成公式（3-29）的回归分析之后，先经过逆标准变换，还原为关于 X_1，X_2，$\cdots$，X_p 的线性模型，最后还原为关于 x_1，x_2，$\cdots$，x_{p_x} 的多元多项式模型，完成整个多项式外模型-内模型 NPLS 的回归建模。最终建立的多项式外模型-内模型 NPLS 的原始变量回归方程形式如下：

$$\hat{y}_j = \alpha_{j1}^* x_1 + \alpha_{j2}^* x_2 + \cdots + \alpha_{j(p_x)}^* x_{p_x} + \alpha_{j(p_x+1)}^* x_1^2 + \alpha_{j(p_x+2)}^* x_2^2 + \cdots + \alpha_{j(p_x+p_x)}^* x_{p_x}^2$$
$$+ \alpha_{j(2p_x+1)}^* x_1 x_2 + \alpha_{j(2p_x+2)}^* x_2 x_3 + \cdots + \alpha_{j(2p_x+p_x)}^* x_{p_x} x_1 + F_{(p_x)j}$$
$$j = 1, 2, \cdots, q_y \tag{3-30}$$

从建模过程看，基于多项式外模型-内模型的双层非线性 PLS 建模方法实现了每对解释变量 $(x_i, x_k | i \neq k)$ 之间，反应潜变量 u_i 与解释潜变量 t_i 以及解释变量 x_i 与反应变量 y_j 之间的非线性关系，使得最终的模型具有较强非线性建模能力，可以体现大多数应用过程中非线性问题，解决了多项式外模型 NPLS 建模过程中非线性项难于确定的问题，而且算法简单可靠，收敛速度快，所建显示模型稳健，可以明了的解释各解释变量对因变量的作用[77]。

3.4　多项式外模型-内模型 NPLS 方法在多传感信息系统中的应用流程

由图 3-1，使用如图 3-7 所示的流程，实现多项式外模型-内模型 NPLS 建模方法在多传感信息系统中的应用，其具体的实现过程如下：

（1）先对多传感信息系统进行初步标定实验，然后用 PLS 进行多传感信息的回归分析，并计算 VIP 指标，根据 PLS 回归系数和 VIP 指标，进行变量筛选，完成传感信息系统的降维处理。

（2）根据 PLS 回归系数对降维后多传感系统进行均匀实验设计。通过基于 PLS 回归系数的实验设计，可以在前期实验的基础上，通过添加一些实验数据来为进一步的非线性建模提供准确可靠的数据，达到提高建模准确度，降低实验工作量的目的。

（3）根据实验数据进行相关系数计算。相关系数是为了观察自变量与因变量之间的线性关系趋势。如果相关系数的绝对值较大，则它们之间呈线性关系，则用 PLS 方法对原始实验数据进行回归建模；否则，说明线性关系较弱，就要对原始实验数据进行多项式外模型-内模型 NPLS 非线性建模。相关系数定义如下：

$$\rho_{xy} = \frac{\text{Cov}(X,Y)}{\sqrt{\text{Var}(X)} \cdot \sqrt{\text{Var}(Y)}} \tag{3-31}$$

式中，Cov (X, Y) 为 X 与 Y 的协方差；$\sqrt{\text{Var}(X)}$ 为 X 的方差；$\sqrt{\text{Var}(Y)}$ 为 Y 的方差。

（4）进行多项式外模型-内模型 NPLS 非线性建模。

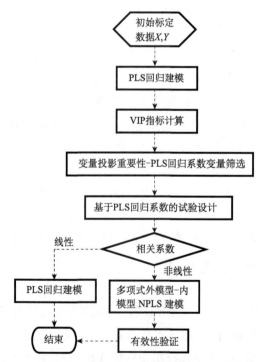

图 3-7　基于多项式外模型-内模型 NPLS 的多传感信息预处理与建模应用流程

（5）最后通过对比分析多项式外模型-内模型 NPLS 建模在变量筛选前后 CR 指标的变化和建模准确度来判断多传感信息降维处理和非线性建模方法的有效性。

当多传感信息之间存在严重非线性时，进行有效性验证可能会出现变量筛选方法的非线性适应性不足问题。此时可以采用变量扩维思想[73]。利用多项式外模型 NPLS 方法对自变量进行扩维，得到新的多传感数据 X'（$X' = [X_1，X_2，\cdots，X_p] = [x_1，x_2，\cdots，x_{px}，x_1^2，x_2^2，\cdots，x_{px}^2，x_1 x_2，x_2 x_3，\cdots，x_{px} x_1]$），然后对 X' 和 Y 利用变量投影重要性-PLS 回归系数变量筛选法进行变量筛选，用多项式外模型-内模型 NPLS 建模方法进行非线性建模。变量扩维方法由于引入新的变量 $x_i x_j$，而产生了新的相关关系，在变量筛选时会因为 $x_i x_j$ 将原本对建模影响小的独立自变量 x_j 保留下来。因此，应用中优先考虑图 3-6 所示的方法。

3.5 鱼类超微弱发光检测应用

随着计算机和检测技术的发展，为渔业生产现代化提供了有利条件。根据生物体的超微弱发光现象的普遍性以及发光信息的强弱与生命活动能力的相关性（新陈代谢越旺盛，则发光也越强）[78]，通过研究鱼类生物体的发光现象和其生长发育状况的关系，可以显著提高养殖过程的科学性，从而根据鱼类的生理规律合理调控其生殖、生长、捕捞等过程，这对减少养殖管理的劳动强度、提高管理效率、降低生产成本具有重要意义。

经研究表明，鱼类的成熟和生殖活动既受到内源因子"体内神经、内分泌腺"的调节控制，也受外界环境条件，如营养、温度、光照、盐度、pH 值、水流等的影响[79]，因此通过鱼类的超微弱发光来考察鱼的生殖繁衍情况，是一个复杂的多传感信息检测建模问题。要实现对它的准确检测，需要建立其相关的信息模型，目前常用建模方法有多元线性回归模型、人工神经网络法和基于偏最小二乘回归方法等。不管采用何种建模方法，都需要解决以下主要问题：①变量筛选，过少的建模自变量将降低建模的准确度，而过多的自变量并不一定能有效增加建模准确度，有时反而会产生负影响；②能够在小样本容量下进行回归建模，克服变量间多重相关和反应变量间的非线性关系，提高建模准确度。下面将利用本书的预处理与建模方法，实现对鱼类超微弱发光的准确检测。

鱼类超微弱光检测系统结构如图 3-8 所示，将鱼放在暗箱内，通过光子计数传感头进行微弱光检测，为了增强检测的灵敏度，在光子计数头前的光路上加装滤色片。光子计数头将检测数据传输到计算机进行数据采集与处理。

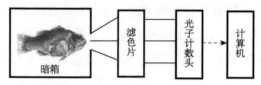

图 3-8   鱼类微弱光检测系统结构图

3.5.1   基于 PLS 的多传感信息预处理

下面以鲤鱼为研究对象，通过鲤鱼发光的主要指标：性腺体发光强度（y_1）和脑垂体发光强度（y_2）来考察其生殖繁衍情况。实验预先选取鱼重量（x_1）、性腺体重量（x_2）、性腺成熟系数（x_3）、温度（x_4）、光照度（x_5）、盐度（x_6）6 个指标作为自变量，来考察鱼体的超微弱发光，根据文献［80］的实验数据，基于多项式外模型-内模型 NPLS 的多传感信息预处理和建模方法，构造一个多传感信息系统进行仿真实验。

本书所有的仿真实验都在 CPU 为 Intel Pentium（R）2.4G、内存为 1G 的PC 上运行，软件平台为 Matlab6.5。

1. PLS 回归建模

设多传感信息系统有 2 个输出变量，输入变量则初步设为 6 个。对传感系统采用 5 水平的均匀实验设计方法进行标定，获得 1 组实验数据如表 3-1 所示。

表 3-1   多传感系统实验数据表

试验号	x_1	x_2	x_3	x_4	x_5	x_6	y_1	y_2
1	432.2	69.2	0.16	21	1	0.003	78	100
2	466	37.3	0.08	24	100	0.005	62	76
3	548	60.3	0.11	30	0.1	0.002	60	67
4	578.3	75.2	0.13	18	10	0.005	15	14
5	637.6	91.8	0.144	21	1000	0.002	143	156
6	660	105.6	0.16	27	0.1	0.004	122	125
7	702.5	60.4	0.086	30	10	0.001	66	70
8	793	47.6	0.06	18	1000	0.004	10	12
9	840.2	100.8	0.12	24	1	0.001	123	110
10	896	81.5	0.091	27	100	0.003	80	85

对上述实验数据，采用 PLS 方法进行回归分析。PLS 通过交叉有效性判断，选择 3 个主成分 t_1，t_2，t_3 能够较好解释传感系统的输出变量。PLS 方法得到的标准化变量回归方程为

$$\begin{cases} F_{01} = -0.1441E_{01} + 0.4868E_{02} + 0.4425E_{03} + 0.4337E_{04} + 0.1401E_{05} - 0.1127E_{06} \\ F_{02} = -0.1032E_{01} + 0.3527E_{02} + 0.4152E_{03} + 0.4147E_{04} + 0.1286E_{05} - 0.1344E_{06} \end{cases}$$

$$(3\text{-}32)$$

进行逆标准化计算，得到输入 x_i（$i=1$，2，…，6）与输出 y_1，y_2 的回归方程为

$$\begin{cases} \hat{y}_1 = 130.4 - 0.1930x_1 + 0.3581x_2 + 0.5172x_3 + 0.2291x_4 + 0.0247x_5 - 0.0602x_6 \\ \hat{y}_2 = 156.6 - 0.1229x_1 + 0.3689x_2 + 0.4717x_3 + 0.2270x_4 + 0.0116x_5 - 0.0997x_6 \end{cases}$$

$$(3\text{-}33)$$

2. 变量筛选

计算变量筛选前 PLS 模型的 CR 指标，它们分别为 0.8296，0.8867，$E_Y(R^T)$ 分别为 1273.2，896.5。计算得到解释变量 x_i（$i=1$，2，…，6）的投影重要性 VIP 指标分别为 0.7585，1.0602，1.3141，1.2765，0.3962，0.3144，其 VIP 直方图如图 3-9 所示。显然，x_2，x_3，x_4 对 Y 的解释能力最强，影响也最大，x_1 对 Y 的解释能力较强，影响较大，x_5，x_6 对 Y 的解释能力则最弱，影响则很小，即光照度（x_5）、盐度（x_6）影响小。

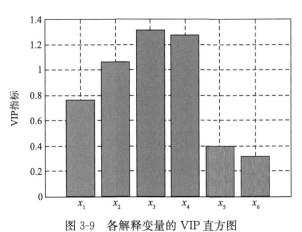

图 3-9　各解释变量的 VIP 直方图

综合 PLS 回归系数和解释变量投影重要性（VIP）指标，选择 x_5，x_6 进行变量筛选。计算变量筛选后模型的拟合误差变化 ΔE_l，分别为 102.1，38.5，满足变量筛选准则，完成变量筛选。筛选后模型的 CR 值分别为 0.8101，0.8782，

与筛选前模型的 CR 值相比变化不大，表明变量筛选是有效的，即变量 x_5，x_6 对因变量影响很小，可将它们筛选掉。

3. 基于 PLS 回归系数的试验设计

变量筛选基础上，基于 PLS 回归系数对 x_1，x_2，x_3，x_4 的试验水平进行统计，计算结果如表 3-2 所示。

表 3-2　水平计算表

参数	x_1	x_2	x_3	x_4
步长	50	7	1.5%	3
权重	1	1	1.1	1
取值范围	400~900	30~150	5~20%	15~30
(y_1) 水平	1.03	4.73	4.38	1.02
(y_2) 水平	1.49	5.34	4.32	1.05

由表 3-2 可知每个因素依然取 5 水平，因此初始设置的五个试验因素水平是合理的。在试验过程中，可以依据上面的水平设置再安排 1 组实验进行重复标定，以提高实验测试的可靠性，并用于进一步的精确建模。多传感信息系统的第 2 组标定实验如表 3-3 所示。

表 3-3　变量筛选后多传感信息系统的标定数据

试验号	x_1	x_2	x_3	x_4	y_1	y_2
1	413	63.2	0.153	21	120	142
2	469.6	71.4	0.152	24	82	90
3	510	49	0.096	30	76	88
4	550.3	47.3	0.086	18	14	15
5	619.2	111.5	0.18	21	188	192
6	686	89.2	0.13	27	62	82
7	732.9	77.7	0.106	30	77	80
8	800	54.4	0.068	18	15	16
9	842.8	138	0.164	24	170	186
10	885	70.8	0.08	27	84	70

4. 相关系数计算

表 3-4 给出了 x_1，x_2，x_3，x_4，y_1，y_2 六个变量间的简单相关系数矩阵。

表 3-4　自变量、因变量间的相关系数矩阵

	x_1	x_2	x_3	x_4	y_1	y_2
x_1	1.0000	0.3906	−0.3405	0.1327	0.0607	−0.0509
x_2	0	1.0000	0.7105	0.0822	0.7755	0.7355
x_3	0	0	1.0000	−0.0679	0.7339	0.7743
x_4	0	0	0	1.0000	0.1945	0.1840
y_1	0	0	0	0	1.0000	0.9829
y_2	0	0	0	0	0	1.0000

从相关系数矩阵可以看出,在自变量之间存在多重相关性和非线性关系,因此需用基于多项式外模型-内模型 NPLS 的方法进行进一步精确建模。

3.5.2　多项式外模型-内模型 NPLS 建模仿真

由多项式外模型-内模型 NPLS 建模方法,可以得多传感信息系统的回归方程如下:

$$
\begin{cases}
\hat{y}_1 = -6323.5 + 15.174x_1 - 547.28x_2 + 880.55x_3 + 126.7x_4 - 0.010284x_1^2 \\
\qquad + 0.19046x_1x_2 + 2.8638x_1x_3 - 0.0800x_1x_4 - 0.84x_2^2 + 10.773x_2x_3 \\
\qquad + 0.67073x_2x_4 - 32.538x_3^2 - 5.6664x_3x_4 - 1.1908x_4^2 \\
\hat{y}_2 = -6347.3 + 13.323x_1 - 790.84x_2 + 791.64x_3 + 183.34x_4 - 0.0078359x_1^2 \\
\qquad + 0.15113x_1x_2 + 5.7011x_1x_3 - 0.14956x_1x_4 - 0.71249x_2^2 + 8.8375x_2x_3 \\
\qquad + 1.3507x_2x_4 - 25.626x_3^2 - 10.127x_3x_4 - 1.3872x_4^2
\end{cases}
$$

$$(3\text{-}34)$$

在变量筛选前,计算得到多项式外模型-内模型 NPLS 建模方法的 CR 指标分别为 0.9863,0.9901,变量筛选后的 CR 指标分别为 0.9859,0.9892,多项式外模型-内模型 NPLS 建模准确度筛选后比筛选前分别降低了 0.015%,0.018%,变化都不大,因此采用如图 3-7 所示的变量筛选与建模方法是有效的。同时根据式 (3-34),(3-35) 可以得到模型的观测值/预测值散点图 3-10,其中图 3-10 (a) 和 (b) 分别为传感系统输出 y_1 和 y_2 的观测值/预测值散点图。从图中可以看出多项式外模型-内模型 NPLS 建模方法的所有预测样本点均排列在图中对角线的附近,预测效果满意,并且多项式外模型-内模型 NPLS 方法在少用拟合变量的情况下与文献 [80] 使用的 PLS 方法相比,传感输出 y_1 和 y_2 的预测准确度分别提高了 56.2% 和 24.7%。

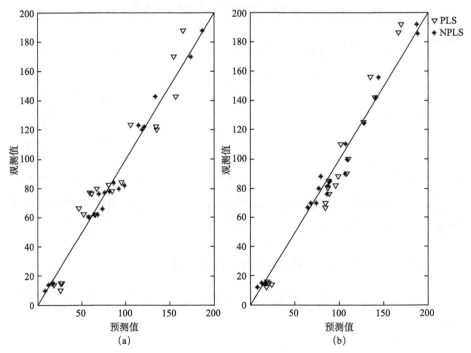

图 3-10　PLS 和多项式外模型-内模型 NPLS 的观测值/预测值图

3.6　本章小结

本章提出基于多项式外模型-内模型 NPLS 的多传感信息预处理与建模框架。该框架包括两部分，前部分利用 PLS 方法进行预处理，实现传感系统降维，后部分用多项式外模型-内模型 NPLS 方法进行多传感信息非线性建模。在多项式外模型-内模型 NPLS 建模前端，引入基于 PLS 的预处理实现变量筛选，可使多项式外模型-内模型 NPLS 建模方法更有实用意义。

（1）提出基于变量投影重要性-PLS 回归系数的多传感信息变量筛选方法。该方法综合考虑变量投影重要性 VIP 指标、PLS 回归系数对自变量的解释作用，有别于以往单一 VIP 指标作为变量筛选条件易出现误筛的现象，并提出以 PLS 回归模型拟合误差增量 ΔE_l 作为变量筛选指标，无需逐个地考察每个自变量的重要性，计算量少于现有的其他方法。

（2）提出一种基于多项式外模型-内模型 NPLS 的双层非线性回归建模方法。该模型很好地表达了反应变量与解释变量之间、解释潜变量和反应潜变量之间以及反应变量相互之间的非线性关系，模型显式稳健，较好地解决了单独内外模型 NPLS 方法在应用中难于确定非线性项的问题。

（3）研究多项式外模型-内模型 NPLS 方法在多传感信息系统中的应用流程并进行鱼类超微弱光检测中的应用，利用现有的实验数据进行了仿真分析。仿真结果表明，基于多项式外模型-内模型 NPLS 的多传感信息预处理与建模方法，与 PLS 方法相比，可以在少用拟合自变量的情况下，提高预测准确度。

第4章　多维传感信息自校正技术

第3章研究多传感信息系统的变量筛选和非线性建模，提出了适用于较复杂系统的多项式外模型-内模型 NPLS 预处理和建模方法。通常情况下，其所建模型为非线性耦合多项式方程组，多维耦合的存在增加了计算复杂性。本章针对传感信息存在的多维信息耦合问题，研究一种适合于在线快速计算的多传感信息建模自校正技术，可用于各种现场检测节点。

4.1　多传感信息自校正模型

多传感信息自校正的核心是正确描述传感系统所观测到的数据信息，即实现建模，并以此完成校正环节。

若传感器 i 在检测时会受到环境因素影响，其传感输出 Y_i 由测量目标 x_i 与环境因素 x_{i_1}，x_{i_2}，$\cdots$，x_{i_n} 共同确定，其中：$1 \leqslant i_1 < i_2 < \cdots < i_n < l$，$i_1$，$i_2$，$\cdots$，$i_n \neq i$，$l$ 为多传感信息维数，则传感器 i 的传感信息模型可表示为

$$Y_i = f_i(x_i, x_{i_1}, x_{i_2}, \cdots, x_{i_n}) \tag{4-1}$$

由传感信息模型（4-1）可知，一个传感检测系统要完成准确检测，传感系统的输入端信息之间往往存在相互影响的耦合现象，因此一个多传感系统的传感信息模型可用图 1-12 来描述。

在图 1-12 中，$G_{ij}(s)$ 为各通道的传递函数，它表示敏感量 x_i 和传感器输出 Y_j 间的耦合关系。通过处理输出 Y_j，并辨识各个耦合过程可以提高传感系统的测量准确度，使测量结果 Y_j 真实反映敏感量 x_j 的变化。

针对图 1-12 的多传感信息模型，基于第 2 章的多参数网络化智能监测系统模型，提出如图 4-1 所示的网络化智能监测系统多传感信息自校正模型。在此模型中，网络化智能传感系统需要检测多个参量（X，R，S，$\cdots$），在图中用点划线框①，②，③分别表示 n 个传感元件组（X_1，R_1，S_1，$\cdots$），（X_2，R_2，S_2，$\cdots$），$\cdots$，（X_n，R_n，S_n，$\cdots$），X，R 及 S 之间存在相互信息耦合。

网络化智能监测系统在运行时先对各参量的传感输出信息进行自评估，以确保传感检测的可靠性，并可依此进行传感元件初步故障诊断与排除。通过传感元件输出信息自评估可保证 STIM（Smart Transducer Interface Module）模块对多传感信息进行准确自校正的可靠性。

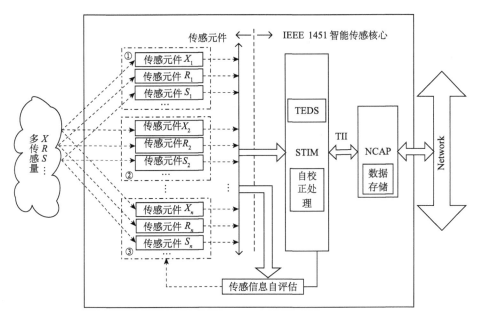

图 4-1　网络化智能监测系统多传感信息自校正模型图

模型中的 NCAP（Network Capable Application Processor）模块在运行中装载嵌入式系统，负责数据存储模块、网络通信等功能，NCAP 与 STIM 模块间通过 TII（Transducer Independent Interface）接口实现短距离数据的同步传输。从图 4-1 可知，该多传感信息自校正模型具有自诊断、自校正、多传感、存储和网络化通信等功能。

对于一个多维空间传感信息模型 $Y_i = f_i(x_i, x_{i_1}, x_{i_2}, \cdots, x_{i_n})$，要实现对目标信息的准确检测，一要保证传感信息的可靠性，保证有效检测信息的输入；二是要正确确定自校正环节，实现多维传感信息解耦。

4.2　传感信息自评估技术

在实际应用中，智能监测系统通常需要通过分析当前所有可用信息源，对自身工作性能、状态进行内部在线评估，实现传感元件器件的初步故障诊断，以保障系统的可靠运行、准确检测[81]。但若对所有信息源进行分析评估，对监测系统的运算能力要求会很高，并会消耗大量系统资源，如果能在系统工作时获得被测信号的一些特殊信息，比如信号变化趋势、幅度范围，抑或可获得传感器信号特征等，则可使监测系统传感信息的自评估大为简化。由于 IEEE 1451 中的 TEDS 配置为监测系统预留了用户自定义区域，它可用于记录传感元件的各种特殊信息，为此，采用如图 4-2 所示的结合 TEDS 技术的多信息特征传感信息自评估流程图。

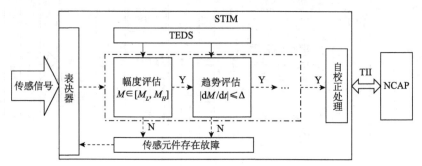

图 4-2   TEDS 多信息特征的传感信号自评估流程图

在图 4-2 中，网络化智能监测系统的 STIM 模块将传感器信号特征、幅度范围等以电子数据表格形式存储在 TEDS 上，系统运行时，通过对传感输出信息进行信号幅值评估、趋势评估等的分析，实现传感元件自身状态的判断，确保信息源的可靠性。其基本工作原理如下。

根据 IEEE 1451 标准定义，将事先获得被测信号的幅度范围 $M\in[M_L,M_H]$、变化率范围 $|dM/dt|\leqslant\Delta$ 等特征信息写入 TEDS 中，在工作时，传感信息通过表决器表决后，利用传感元件的实际输出特征在 STIM 中与 TEDS 既定特征信息进行比较判断即可。若信号幅值 $M\notin[M_L,M_H]$ 或 $|dM/dt|>\Delta$，则系统判定传感检测信息不可靠，传感元件可能发生故障，从而系统启动自免疫功能，屏蔽其输出。其中在应用中 $|dM/dt|$ 的计算可按一定周期对传感信号进行微分运算得到。

各传感信息特征自评估的 TEDS 配置表如表 4-1 所示，其中"MaxRate"为定义的某传感元件的信号最大变化率值（4 字节），而字段项"HiLim""LoLim"（4 字节）则分别对应某路传感检测信号的幅度上、下限值。字段项"MaxRate"则表示某路传感检测信号的最大变化率。

表 4-1　信号自评估的 TEDS 配置表

字段名称	描述	数据类型	字节
—	Length	UInt32	4
Mod	Model Number	UInt8	4
Ver	Version Number	UInt8	1
Ser	Serial Number	UInt8	1
ID	Manufacturer ID	UInt16	2
⋮	⋮	⋮	⋮
MaxRate	Max Signal Rate	Float32	4
HiLim	High Limit	Float32	4
LoLim	Low Limit	Float32	4
—	Checksum	UInt16	2

4.3　基于多尺度逼近的多传感信息解耦自校正技术

根据多尺度理论，不同的传感检测信息具有不同尺度特征，故可在多尺度空间中，基于尺度用不同插值方法对传感模型进行逐步逼近，实现多传感信息的插值建模，并在此基础上实现多尺度解耦计算[82,83]。为了更好利用尺度来实现对多传感信息的插值建模解耦，下面基于传感信息多尺度逼近表示原理，研究多传感信息的尺度特征估计方法。

4.3.1　传感信息尺度特征估计方法

1. 传感信息多尺度逼近表示

若传感器不受环境因素影响，则其传感信息模型可表示为二维输入-输出函数形式：

$$Y = f(x) \tag{4-2}$$

由多尺度系统理论，令 V_m（$m \in \mathbf{Z}$）是 L^2（$\mathbf{R}$）空间中的一个多尺度逼近，则存在尺度函数 $\phi(x) \in L^2$（$\mathbf{R}$），使得[84]

$$\phi_{m,k} = 2^{m/2} \phi(2^m x - k), \quad k \in \mathbf{Z} \tag{4-3}$$

尺度函数 $\phi(x)$ 是 V_m 内的一个标准正交基。同时，存在小波函数 $\psi(x)$ 与尺度函数 $\phi(x)$ 满足如下两尺度关系[85]：

$$\begin{cases} \phi(x) = \sum_n \sqrt{2}\, h(n)\phi(2x-n) \\ \psi(x) = \sum_n \sqrt{2}\, g(n)\phi(2x-n) \end{cases} \tag{4-4}$$

其中 $h(n)$，$g(n)$ 形成共轭镜像滤波器对。

小波函数 $\psi(2^m x)$ 可生成小波子空间 $W_m = \mathrm{close}\ \{\psi_{m,k}\,,\ k\in\mathbf{Z}\}\,|\,m\in\mathbf{Z}$，子空间 V_m 存在包容关系 $V_m \subset V_{m+1}$，并保证

$$V_{m+1} = V_m \oplus W_m, \quad V_m \perp W_m, \quad \forall\, m \in \mathbf{Z} \tag{4-5}$$

故有

$$L(\mathbf{R}) = \bigoplus_{m\in\mathbf{Z}} W_m \tag{4-6}$$

即

$$V_0 = V_{-1} \oplus W_{-1} = V_{-2} \oplus W_{-2} \oplus W_{-1}$$
$$= \cdots = V_{-N} \oplus W_{-N} \oplus W_{-(N-1)} \oplus \cdots \oplus W_{-2} \oplus W_{-1}$$

可以得到，传感信息 $f(x)$ 在 m 尺度的变换为

$$f_m(x) = \sum_{k=-\infty}^{\infty} f(m,k) 2^{m/2} \phi(2^m x - k) \tag{4-7}$$

式中 k 为平移参数。该式的物理意义是：$f(x)$ 可由 m 尺度的信息 $f(m，k)$，经尺度函数 $\phi(x)$ 的尺度变换及移位后的加权和来表示，实现在 m 尺度上的一个多尺度逼近。

基于小波函数 $\psi(x)$ 性质及式（4-7），设 $d(m，k)$ 为 $f(x)$ 在小波子空间 W_m 上的细节信息，那么可推得 $f(x)$ 的 $m+1$ 尺度与 m 尺度信息具有如下关系：

$$f_{m+1}(x) = f_m(x) + d(m,k) \tag{4-8}$$

这个公式表示 $f(x)$ 在 $m+1$ 尺度上的逼近等于 m 尺度上的逼近与细节信息之和。

上面式（4-7），式（4-8）为 $f(x)$ 的多尺度逼近关键公式。

2. 多传感信息尺度特征估计

下面基于传感信息多尺度逼近表示原理，利用多传感信息之间尺度特征的差异性，研究多传感信息的尺度特征估计方法。

根据式（4-1）所示的传感器 i 的传感信息模型，若环境因素给定，传感模型可以表示成 $Y_i = f_i(x_i)$ 的二维输入-输出函数形式（简记为 f_i）。这时，可计算出传感器 i 的传感信息固有尺度特征。

若 f_i 在尺度 j（分辨率 2^{-j}）上的逼近为 f_i^j，由传感信息的多尺度逼近原理，它与 f_i 在尺度 $j-1$（分辨率 $2^{-(j-1)}$）上的逼近 f_i^{j-1}，存在如下相互关系：

$$f_i^{j-1} \in V_{j-1} \Leftrightarrow f_i^j \in V_j \qquad (4\text{-}9)$$

式中 f_i^{j-1}，f_i^j 分别定义为 f_i 在空间 V_{j-1}，V_j 上的正交投影。由 $V_{j-1} \subset V_j$，可得到包含细节信息的函数空间 W_{j-1}，使得 $V_{j-1} \oplus W_{j-1} = V_j$。将 f_i 在 W_{j-1} 上的投影表示为 d_i^{j-1}，则由公式（4-8），f_i^j 在 j 尺度的逼近可用 $j-1$ 尺度的逼近和细节信息来表达：

$$f_i^j = f_i^{j-1} + d_i^{j-1} \qquad (4\text{-}10)$$

当尺度很大时（如 $j \to \infty$），多尺度投影可以包含 f_i 的全部信息，即

$$\lim_{j \to \infty} \| f_i - f_i^j \| = \lim_{j \to \infty} \| d_i^j \| = 0 \qquad (4\text{-}11)$$

令

$$\varepsilon_i^j = \max \| d_i^j \| \qquad (4\text{-}12)$$

那么可用 ε_i^j 来评价 f_i 的分辨误差。根据所有维传感信息的分辨误差 ε_i^j，按下面公式计算，可得到分辨误差阈值 ξ：

$$\xi = \left(\sum_{i=1}^{l} \varepsilon_i^{\lfloor \frac{N+1}{2} \rfloor} \right) \Big/ l \qquad (4\text{-}13)$$

基于传感信息的多尺度逼近，借助计算得到的分辨误差 ε_i^j 和分辨误差阈值 ξ，就可以估计各传感信息 f_i（$i=1$，2，$\cdots$，l）的尺度特征。具体步骤如下。

（1）对传感范围内标定的各传感信息 f_i 从尺度 N 开始进行多尺度逼近分析，可以得到各尺度的细节信息 d_i^N，d_i^{N-1}，$\cdots$，d_i^1。尺度 N 的选择原则是：维数 $l \leqslant 6$，$N=6$；维数 $l > 6$，则 $N=l$。这是由于在大多数情况下，从 6 尺度开始多尺度分解，可满足分辨计算需求[86]。

（2）计算各传感信息在各尺度的分辨误差 ε_i^j，并根据公式（4-13）计算阈值 ξ。

（3）从尺度 1 至 N 依次将 ε_i^j 与 ξ 比较，若 $\varepsilon_i^j \leqslant \xi$，则 f_i 的尺度特征为 j，分辨级为 2^{-j}。

这里需要说明的是，由于阈值 ξ 只有一个，可能会出现若干个传感信息尺度特征相同情况，为进一步判断它们之间分辨级大小，可直接比较相应 ε_i^j 的大小，ε_i^j 大则分辨级小。图 4-3 为其具体实现流程图。

基于多尺度逼近的多传感信息尺度特征估计方法与文献[87]，[88] 所述方法相比，其计算实现过程更简单，主要体现在：它通过对所有传感信息进行一次 N（$N \geqslant 6$）尺度分解，就可实现对全部传感信息尺度特征估计及其大小判断。

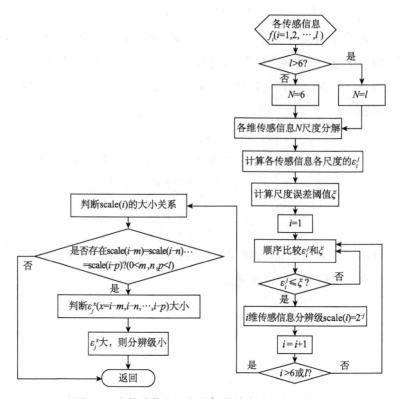

图 4-3 多传感信息尺度特征估计方法的实现流程

4.3.2 多传感信息插值解耦自校正方法

求得多传感信息尺度特征后,针对多传感信息耦合问题,下面先从多传感信息插值建模的数学原理出发,在多维空间通过尺度来实现对多维传感模型的划分,选择不同的插值方法,实现多传感信息解耦。

1. 多传感信息插值建模数学原理

对式(4-1)所示的传感信息模型为 $Y_1 = f_1(x_1, x_2, \cdots, x_n)$。下面讨论运用插值法对其进行建模的数学原理[89]。

要建立传感模型,先要进行传感标定实验。在传感器的工作范围内,根据实际情况,选择一组插值基点 $x_{10}, x_{11}, \cdots, x_{1m}$,使 $x_{10} < x_{11} < \cdots < x_{1m}$,$x_{10}$ 和 x_{1m} 分别为传感器工作的两个端点。同理,对其他环境因素 $x_2, \cdots, x_n$,在它们影响范围内,取各个因素的插值基点 $x_{20}, x_{21}, \cdots, x_{2m}, \cdots, x_{n0}$,$x_{n1}, \cdots, x_{nm}$,其中 $m > n$。在 $(x_{20}, x_{30}, \cdots, x_{n0}), \cdots, (x_{21}, x_{31}, \cdots, x_{n1}), \cdots, (x_{2m}, x_{3m}, \cdots, x_{nm})$ 等各种环境因素组合下,通过合适试验方法,

测出传感器在标定点 x_{1j}（$j=0$，1，$\cdots$，m）上对应的输出值 Y_1，并以此构造在各环境因素插值基点组合下的特性曲线：$f_1(x_1$，x_{20}，x_{30}，$\cdots$，$x_{n0})$，$\cdots$，$f_1(x_1$，x_{21}，x_{31}，$\cdots$，$x_{n1})$，$\cdots$，$f_1(x_1$，x_{2m}，x_{3m}，$\cdots$，$x_{nm})$。对各环境因素 x_2，x_3，$\cdots$，x_n，按照同样的方法可以建立 x_2 与 Y_2，x_3 与 Y_3，$\cdots$，x_n 与 Y_n 的传感特性曲线。

根据得到的特性曲线，如 $f_1(x_1$，x_{20}，x_{30}，$\cdots$，$x_{n0})$，$\cdots$，$f_1(x_1$，x_{21}，x_{31}，$\cdots$，$x_{n1})$，$\cdots$，$f_1(x_1$，x_{2m}，x_{3m}，$\cdots$，$x_{nm})$，通过反复多次的一元函数插值可实现任意环境因素下多传感信息的数学建模。

为了更好理解多传感信息的插值建模数学原理，用图 4-4 所示的四维空间耦合例来描述插值建模过程。图中，取环境因素 x_2 为 x_{20}，$\cdots$，x_{2i}，$x_{2(i+1)}$，$\cdots$，x_{2m}，x_3 为 x_{30}，$\cdots$，x_{3i}，$x_{3(i+1)}$，$\cdots$，x_{3m} 进行组合标定，得到给定环境因素下的若干条特征曲线 $Y_1=f(x_1$，x_{2j}，$x_{3j})$（$j=0$，1，$\cdots$，m）。在传感检测过程中，先根据检测到的 x_{3t} 值进行判断，若 $x_{3t}\in[x_{3i}$，$x_{3(i+1)}]$，则可利用一元函数（如分段线性函数），插值出 $x_3=x_{3t}$ 时的特征曲线 $Y_1=f(x_1$，x_{2j}，$x_{3t})$（图中曲线 B_0，$\cdots$，B_i，$\cdots$，B_m），再根据检测到的 x_{2t} 值进行判断，若 $x_{2t}\in[x_{2i}$，$x_{2(i+1)}]$，由得到的曲线 B_0，$\cdots$，B_i，$\cdots$，B_m，再次利用一元函数，可插值

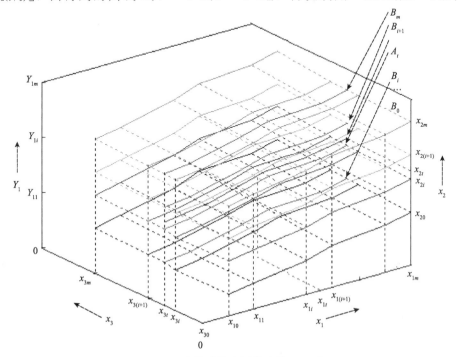

图 4-4 多传感信息插值建模原理图

出 $x_2 = x_{2t}$ 时的特征曲线 $Y_1 = f(x_1, x_{2t}, x_{3t})$（如图中曲线 A_t），得到 x_1 与 Y_1 在任意环境 x_{2t}，x_{3t} 下二维特征曲线，此时根据传感输出值 Y_1 即可获得被测量值 x_{1t}。同理，可将该方法推广到 n（$n \geqslant 3$）维空间。

从插值建模的原理可以看出，当传感信息耦合的维数很多时，将存在标定工作量大的问题。可采用第 3 章的多传感信息预处理方法，对传感信息系统进行降维处理和实验设计，减少标定的工作量。

2. 多尺度插值解耦过程

由插值建模数学原理可知，通过反复插值计算，可实现任意环境因素下多传感信息的数学建模，按照同样的方法，通过逆向求解，可将多维传感模型转换为二维传感模型，实现解耦。下面根据多传感信息尺度特征，讨论多维空间中多尺度插值解耦的实现方法。

若根据实验标定数据，已求取（采用多传感信息尺度特征估计方法）各传感信息的分辨级 m_i（$1 \leqslant i \leqslant n$）及大小，并从中选择一个合适 m_i 作为分辨阈值 δ，则基于各环境因素组合下传感器的标定曲线，根据 m_j 和 δ，对非测量目标 x_j（$j \neq i$，$1 \leqslant j \leqslant n$），逐一采用不同插值方法进行解耦计算[82]。

对于非测量目标 x_j 的传感信息分辨级 $m_j \geqslant \delta$ 的情况（表示该传感信息的尺度较窄、分辨级较粗大），解耦运算用准确度较低、运行速度较快的分段线性插值方法，公式如下：

$$f(x_1, \cdots, x_j, \cdots, x_n) = \sum_{k=0}^{n} l_k(x_j) f(x_1, \cdots, x_{j,k}, \cdots, x_n), \quad m_j \geqslant \delta \quad (4\text{-}14)$$

对于若非测量目标 x_j 的传感信息分辨级 $m_j < \delta$ 的情况，则采用如下准确度较高、运行速度相对较慢的 Hermite 插值方法，进行解耦运算：

$$
\begin{aligned}
f(x_1, \cdots, x_j, \cdots, x_n) = \sum_{k=0}^{n} \big[&\alpha_k(x_j) \cdot f(x_1, \cdots, x_{j,k}, \cdots, x_n) \\
&+ \beta_k(x_j) \cdot f(x_1, \cdots, x_{j,k}, \cdots, x_n) \big], \quad m_j < \delta \quad (4\text{-}15)
\end{aligned}
$$

在式（4-14）和式（4-15）中，$l_k(x_j)$，$\alpha_k(x_j)$，$\beta_k(x_j)$ 为相应的插值基函数：

$$
l_0(x_j) = \begin{cases} \dfrac{x_j - x_{j1}}{x_{j0} - x_{j1}}, & x_j \in [x_{j0}, x_{j1}] \\ 0, & x_j \notin [x_{j0}, x_{j1}] \end{cases} \quad (4\text{-}16)
$$

$$
l_n(x_j) = \begin{cases} 0, & x_j \notin [x_{j,n-1}, x_{jn}] \\ \dfrac{x_j - x_{j,n-1}}{x_{j,n} - x_{j,n-1}}, & x_j \in [x_{j,n-1}, x_{jn}] \end{cases} \quad (4\text{-}17)
$$

$$l_k(x_j) = \begin{cases} \dfrac{x_j - x_{j,k-1}}{x_{j,k} - x_{j,k-1}}, & x_j \in [x_{j,k-1}, x_{j,k}] \\[2mm] \dfrac{x_j - x_{j,k+1}}{x_{j,k} - x_{j,k+1}}, & x_j \in [x_{j,k}, x_{j,k+1}], k = 1, 2, \cdots, n-1 \\[2mm] 0, & x_j \notin [x_{j,k-1}, x_{j,k+1}] \end{cases} \tag{4-18}$$

$$\alpha_k(x_j) = \left[1 - 2(x_j - x_{j,k}) \sum_{\substack{j=0 \\ j \neq k}}^{n} \frac{1}{x_{j,k} - x_j} \right] l_k^2(x_j) \tag{4-19}$$

$$\beta_k(x_j) = (x_j - x_{j,k}) l_k^2(x_j) \tag{4-20}$$

插值基函数中 $x_{j,k}$ 为相应自变量的标定基点。

根据传感信息尺度特征，通过对非测量目标 x_j，逐一选择不同的一元函数进行反复插值计算，可最终获得二维空间 $Y_i = f(x_i)$ 形式的特征函数，实现解耦计算。

4.3.3　基于预估准确度目标的解耦分辨阈值 δ 确定

从多尺度插值解耦的原理可知，多尺度插值解耦方法可以通过分辨阈值来平衡解耦准确度和实时性，因此实现分辨阈值的自适应计算是多传感信息解耦的重要步骤。

在多尺度插值解耦方法中，选择合适的分辨阈值可在确保目标传感器解耦准确度的情况下，以最快的速度实现解耦。为判断解耦是否达到准确度目标，选用均匀试验设计方法，确定测量范围内具有全局代表性的数据样本，用这些预先标定的数据样本，采用最佳逼近计算方法估计多尺度插值解耦误差，确定解耦分辨阈值。基于预估准确度目标的分辨阈值确定计算原理是：根据均匀试验设计选择的测试样本 x_{j,k_j}（$1 \leqslant j \leqslant n$，$k_j$ 为测试样本点数），在预估整体准确度目标 θ 下，选用计算时间最少的插值多项式组合 $P^*(x_1, x_2, \cdots, x_j, \cdots, x_n)$，使测量目标 x_j 的解耦误差满足

$$\max_{a_j \leqslant x_{j,k_j} \leqslant b_j} \left| x_{j,k_j} - x'_{j,k_j} \right| \Big/ x_{j,k_j} < \theta \tag{4-21}$$

其具体过程如下：

（1）由各传感信息分辨级 m_j（$1 \leqslant j \leqslant n$），取分辨阈值

$$\delta = \min \{ m_j, \ \max (m_j) \times 2 \}$$

（2）根据多尺度插值解耦方法，选择解耦计算的插值方法，计算测试样本 x_{j,k_j} 的插值解耦值 x'_{j,k_j}。

（3）若插值解耦误差满足公式（4-21），则停止计算，从而确定分辨阈值 δ，

若解耦计算结果不满足公式（4-21），则进入步骤（4）。

（4）将等于 δ 的分辨级从 $\{m_j,\ \max\ (m_j)\times2\}$ 中移除，若集合不为空，取分辨阈值 $\delta=\min\ \{m_j,\ \max\ (m_j)\times2\}$，进入步骤（2），否则，进入步骤（5）。

（5）无法满足计算准确度，则停止计算。

分辨阈值确定计算过程是在预估准确度目标下，首先选用最小分辨级作为分辨阈值，然后选择较大的分辨级作为分辨阈值进行最佳逼近计算，来确定分辨阈值，其确定过程的实质是先用准确度低、计算简单的插值方法，然后选用准确度高、计算较复杂的插值方法进行解耦运算，可以较快速度实现预估准确度目标下的解耦计算。图4-5为基于预估准确度目标的分辨阈值确定流程图。

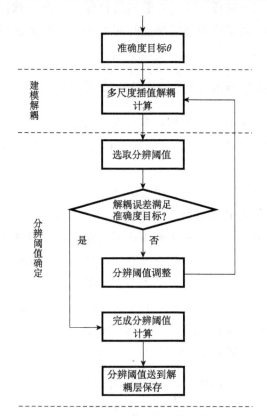

图 4-5 基于预估准确度目标的分辨阈值确定流程图

4.4 基于方差可靠性的分辨阈值自适应解耦

前面的研究都是针对异质传感的情况，多个检测参量相互之间存在信息耦合，但有时可对其中的某个重要目标参量采用多个同质传感器进行检测，这时对每个同质传感器的检测耦合信息、前面的多尺度插值解耦方法仍是适用的，并且在同质传感场合，还可以通过解耦方差实现对分辨阈值的在线调整，提高解耦准确度。

图 4-6 为基于方差可靠性的分辨阈值自适应解耦方法原理框图。图中，Sensor_r_i（$i=1$，2，$\cdots$，l）为同质目标参量传感器，Sensor_R_i（$i=1$，2，$\cdots$，m）为其他目标参量传感器，每个 Sensor_r_i 与 Sensor_R_i 之间存在信息耦合。对检测的耦合传感信息，该方法不但可以基于预估准确度目标确定解耦计算的分辨阈值，实现多传感信息解耦计算；在解耦过程中，还可以根据解耦准确度的变化，在线调整分辨阈值。下面讨论基于方差可靠性的分辨阈值自适应解耦的分辨阈值在线调整方法。

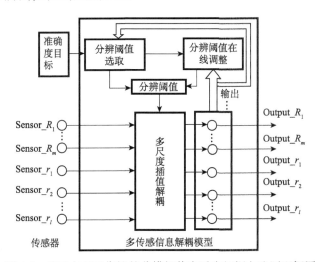

图 4-6　基于方差可靠性的分辨阈值自适应解耦方法原理框图

若 l 个目标传感器的解耦值为 z_i（$i=1$，2，$\cdots$，l），可得 l 个传感器的解耦均值为

$$\bar{z} = \frac{1}{l}\sum_{i=1}^{l} z_i \tag{4-22}$$

则第 i 个传感器解耦方差估计为

$$\sigma_i'^2 = D(z_i - \bar{z}) = D\left(z_i - \frac{1}{l}\sum_{k=1}^{l} z_k\right) = \frac{(l-1)^2}{l^2}\sigma_i^2 + \frac{1}{l^2}\sum_{\substack{k=1,\\k\neq i}}^{l}\sigma_k^2 \tag{4-23}$$

式中 $\sigma_i'^2$ 代表第 i 个传感器解耦值与 l 个传感器解耦均值的方差，它给出了 $\sigma_i'^2$ 与其他各传感器方差 σ_k^2 的关系。对 $\sigma_i'^2$ 求和，有

$$\sum_{i=1}^{l} \sigma_i'^2 = \frac{l-1}{l} \sum_{i=1}^{l} \sigma_i^2 \tag{4-24}$$

综合式（4-23）和式（4-24），可得第 i 个传感器的解耦方差为

$$\sigma_i^2 = \frac{l}{l-2} \Big[\sigma_i'^2 - \frac{1}{l(l-1)} \sum_{k=1}^{l} \sigma_k'^2 \Big] \tag{4-25}$$

若记第 i 个传感器第 j 次解耦值为 z_{ij}，则第 i 个传感器第 j 次解耦计算的 $\hat{\sigma}_{ij}'^2$，可以如下递推公式计算[90,91]：

$$\hat{\sigma}_{ij}'^2 = \begin{cases} 0, & j=0 \\ \frac{1}{j} \Big[(j-1)\hat{\sigma}_{i(j-1)}'^2 + \Big(z_{ij} - \frac{1}{l} \sum_{k=1}^{l} z_{kj} \Big)^2 \Big], & j=1,2,\cdots,N \end{cases} \tag{4-26}$$

N 为采样次数。由式（4-25）和式（4-26），可以得到第 i 个传感器第 j 次解耦计算时的方差 σ_i^2 估计为

$$\hat{\sigma}_i^2 = \frac{l}{l-2} \Big[\hat{\sigma}_{ij}'^2 - \frac{1}{l(l-1)} \sum_{k=1}^{l} \hat{\sigma}_{kj}'^2 \Big] \tag{4-27}$$

从方差估计的过程可以看出，随着解耦次数 N 的增加，$\hat{\sigma}_{ij}'^2$ 的估计准确度将越来越高，相应的传感器解耦方差 $\hat{\sigma}_i^2$ 也将越来越准确。但解耦方差是与传感器内部噪声、环境干扰及解耦方法相关的一种综合属性，这个属性在解耦过程中是会变化的，因此 N 不能太大，在应用中一般将 N 取为 1000[90]。为此，综合式（4-26）和式（4-27），采用如下基于窗口的方法计算解耦方差：

$$\hat{\sigma}_{ij}'^2 = \begin{cases} 0, & j=0 \\ \frac{1}{j} \Big[(j-1)\hat{\sigma}_{i(j-1)}'^2 + \Big(z_{ij} - \frac{1}{l} \sum_{k=1}^{l} z_{kj} \Big)^2 \Big], & 1 \leqslant j \leqslant N \\ \hat{\sigma}_{i(j-1)}'^2 + \frac{1}{N} \Big[\Big(z_{ij} - \frac{1}{l} \sum_{k=1}^{l} z_{kj} \Big)^2 - \Big(z_{i(j-N)} - \frac{1}{l} \sum_{k=1}^{l} z_{k(j-N)} \Big)^2 \Big], & j>N \end{cases} \tag{4-28}$$

在上式中，当解耦次数小于等于 N 时，采用前 2 个公式进行解耦方差计算，当解耦次数大于 N 时，也即窗口中数据恒等于 N 时，这时每获得一个新的解耦数据，则移动一下窗口，最旧的数据 $z_{i(j-N)}$ 从窗口内移出，方差计算用第 3 个公式进行。

在线实时计算出各传感器的解耦方差后，在分辨阈值选择计算的基础上，按照图 4-7 方法实现分辨阈值的在线调整。具体实现过程如下。

（1）由基于预估准确度目标的分辨阈值选取计算方法，可得到各传感信息的初始分辨阈值 δ_{i0}。

（2）根据在线检测时的插值解耦结果，计算各传感信息解耦方差 $\hat{\sigma}_i^2$。

（3）判断分辨阈值在窗口 N 内是否调整过。由于传感解耦方差在一个较长窗口 N 内是稳定的，因此在一个方差计算窗口 N 内只调整一次分辨阈值。

（4）若分辨阈值未调整过，则根据各传感信息的解耦方差进行分辨阈值调整。调整原则是：若 $\hat{\sigma}_i^2 > 1.3 M_\sigma^2$（$M_\sigma^2 = (\hat{\sigma}_1^2 + \cdots + \hat{\sigma}_i^2 + \cdots + \hat{\sigma}_l^2)/l$），则提高相应传感信息的分辨阈值；若 $\hat{\sigma}_i^2 < 0.7 M_\sigma^2$ 且 $\delta_i > \delta_{i0}$，则将相应传感信息的分辨阈值降为 $\delta_i = \delta_{i0}$；否则不进行调整。

（5）由各传感信息解耦方差 $\hat{\sigma}_i^2$，根据最小二乘融合原理，用下面两式进行多传感信息融合，并将解耦融合结果输出：

$$\hat{x} = \frac{\sum\limits_{i=1}^{l} w_i z_i}{\sum\limits_{i=1}^{l} w_i} = \sum_{i=1}^{l} W_i z_i \tag{4-29}$$

$$w_i = \frac{1}{\hat{\sigma}_i^2}, \quad W_i = \frac{w_i}{\sum\limits_{i=1}^{l} w_i} \tag{4-30}$$

（6）根据调整后分辨阈值，继续进行各传感信息的插值解耦计算。

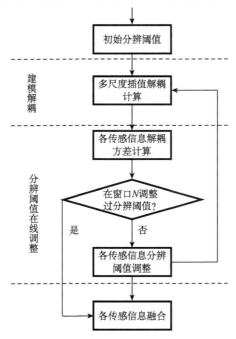

图 4-7 基于方差可靠性的分辨阈值在线调整方法

4.5 基于多节点样条和 TEDS 的多传感信息自校正

4.5.1 多节点样条插值

如前所述多传感信息插值建模方法的基本原理是采用插值计算的方法逐步缩小关系函数 $Y_i = f(x_1, x_2, \cdots, x_i, \cdots, x_n)$ 的自由度，并转换为 $Y_i = f(x_i)$ 的特征函数形式，该方法无需限制样本点和分割数学模型，具有准确度高、收敛性好的优点。

插值方法主要包括 Lagrange 法、Newton 法、样条插值法、分形插值法和分段插值法等。在这些方法中，分段插值是把整条特性曲线分为几部分，它保证对斜率变化比较小的一定点进行一次插值，可以节省计算量，保证一定的运算准确度，事实上对传感建模来说，对所有采集到的样本点数据通过一次插值把逼近函数求出来的做法是比较困难的，而通过分段插值可以大大节省需要的工作量，同时也保证了运算的准确度，基于分段思想的插值法可分为分段线性插值法、分段样条插值等方法，目前应用较多的分段线性插值法可大大简化计算基函数的过程，在一般情况下其准确度也较理想，但在复杂多维空间应用场合，分段样条插值有建模准确的优势。在空间曲线的插值建模方面，多结点样条函数具有良好局部性、显式不求解方程组特性、插值性，以及求解时无需给出结点切线信息，结点增多时插值多项式的阶数保持不变等优点[92]，可用于多传感信息准确建模。

多结点样条基函数是通过对 B 样条基函数的平移和叠加构成。设 $\Omega_k(x)$ 为 k 次 B 样条基函数：

$$\Omega_k(x) = \frac{1}{k!} \sum_{i=0}^{k+1} (-1)^i \binom{k+1}{i} \left(x + \frac{k+1}{2} - i\right)_+^k, \quad k = 0, 1, \cdots$$

式中符号 $(\cdot)_+ = \max(0, \cdot)$，且 $\Omega_k(x)$ 满足 $\Omega_k(0) = 1$，$\Omega_k(i) = 0$。通过 $\Omega_k(x)$ 可构成 k 次多结点样条基函数：

$$q_k(x) = \sum_{i=0}^{k-1} t_i \mu^{\alpha_i} \Omega_k(x) \tag{4-31}$$

式中 t_i 为待定常系数，$\alpha_0 = 0$，$0 < \alpha_1 < \alpha_2 < \cdots < \alpha_{k-1} = \frac{k-1}{2}$，$\alpha_i = l$ 时有

$$\mu^l \Omega_k(x) = \frac{1}{2} [\Omega_k(x+l) + \Omega_k(x-l)], \quad l \neq 0$$

即式（4-31）中的线性无关。

多结点样条基函数具有：①有限支集性和局部性；②规范性；③连续光滑性；④对称性。多结点样条基函数在求解时无需给出结点切线信息，且结点增多时插值多项式的阶数保持不变，使得其有利于数据的处理，已被成功地应用于飞机外形、进气道、机翼、海洋、地质的数据处理以及动画片的计算机制作等领域。

在实际应用中，使用分段的低次多结点样条函数大多可以得到满意的结果。那么，根据式（4-31）可以得到 $k=3$ 时，多结点样条基函数的具体表达式：

$$q_3(x) = \left(\frac{10}{3}I - \frac{8}{3}\mu^{1/2} + \frac{1}{3}\mu\right)\Omega_3(x) \tag{4-32}$$

其中 I 为单位算子。其参数化的 3 次多结点样条插值曲线公式为

$$P(x) = \sum_{i=1}^{n} D_i q_3(x - x_i) \tag{4-33}$$

式中 D_i 为控制系数，x_i 为给定的等距结点。

4.5.2　基于 TEDS 的多维空间插值自校正

基于上述插值自校正方法，校正 TEDS 配置的重点将是把各传感器的标定点数据 $x_{ij}(i \leqslant n, j \leqslant m)$ 作为校正引擎的插值参数，把这些标定点的数据以矩阵数据表格形式输入 TEDS 中，根据多传感信息自校正工作原理，采用分段函数作为校正引擎：

$$f(X_1, X_2, \cdots, X_n) = \sum_{i=0}^{D(1)} \sum_{j=0}^{D(2)} \cdots \sum_{p=0}^{D(n)} C_{i,j,\cdots,p} \left[X_1 - H_1\right]^i \left[X_2 - H_2\right]^j \cdots \left[X_n - H_n\right]^p$$
$$\tag{4-34}$$

式中，X_n 为传感器 x_n 的输出变量值；H_n 为输出变量的修正值；$D(n)$ 为输出变量的阶数；$C_{i,j,\cdots,p}$ 为插值函数每一项的系数。在多参数网络化智能监测系统的实际运行中，校正引擎先从 TEDS 读取标定点的数据，然后对多传感信息进行传感自校正计算。

4.6　试验及应用

下面将针对多传感信息自校正技术，在已开发的网络化智能传感器装置开展了相关试验测试，同时将基于多结点样条函数的多维空间插值方法在机器人示教规划中开展了相关拓展应用。

4.6.1 传感信息自评估试验

图 4-8 为 IEEE 1451 网络化智能传感监测装置。为了评价网络化智能传感监测装置自评估技术的有效性，实验利用传感信号波形特征，模拟了五个网络化智能温度传感元件的幅度、变化率评估。

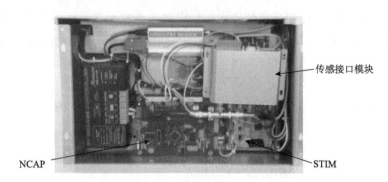

图 4-8　IEEE 1451 网络化智能传感监测装置

试验时将热敏传感元件（−50，300）℃的量程范围和其对应电阻的下、上限值 803.063Ω，2120.515Ω，以及变化率范围，输入智能传感监测装置的 TEDS 中；然后用 STIM 模块驱动传感器接入模块中的片选开关、程控电阻，来实现传感信息的输出控制，观察此时传感器自评估的故障响应。图 4-9 为试验所得温度传感元件的自评估数据曲线图，横坐标为试验序号，纵坐标为温度值。图中传感器 s_1，s_2 产生了超限故障，传感器 s_2 在信号 5 与 6，25 与 26 间产生了变化率超限故障，装置在检测到传感器超限时，实时启用了故障免疫响应，屏蔽其信号输出，并给出相应的状态提示。

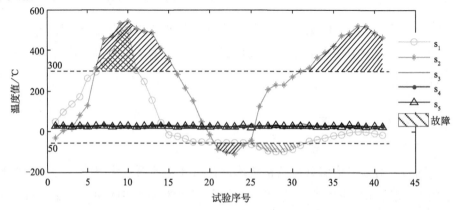

图 4-9　热敏传感元件的自评估数据曲线图

4.6.2 基于多尺度逼近的解耦自校正技术仿真分析

1. 多传感信息尺度特征估计

若有一传感信息系统，存在信息耦合，x_1 为测量目标，x_2，x_3，x_4 为传感检测的环境变量，根据基于多项式外模型-内模型的 NPLS 建模方法，可以建立形如公式（3-30）的传感特性方程。设建立的四传感信息系统特性方程组为

$$\begin{cases} f_1(x_1,x_2,x_3,x_4) = \dfrac{1}{2} + 2x_1 + \dfrac{3}{2}x_1^2 + \dfrac{1}{2}x_1x_2 + \dfrac{1}{4}x_2^2 - x_1x_3 + \dfrac{1}{3}x_3^2 + \dfrac{1}{5}x_4^2 \\[2mm] f_2(x_1,x_2,x_3,x_4) = 1 + \dfrac{1}{2}x_1 + \dfrac{3}{4}x_1x_2 + 3x_2^2 + \dfrac{1}{3}x_4 \\[2mm] f_3(x_1,x_2,x_3,x_4) = 3 + \dfrac{1}{5}x_2 + 4x_3^2 + \dfrac{1}{6}x_4 \\[2mm] f_4(x_1,x_2,x_3,x_4) = 1 + \dfrac{1}{10}x_2 + \dfrac{1}{3}x_4 - \dfrac{1}{9}x_2x_4 + \dfrac{3}{2}x_4^2 \end{cases}$$

$$(4\text{-}35)$$

其中，工作范围 $x_1 \in [2, 10]$，$x_2 \in [2, 5]$，$x_3 \in [0, 4]$，$x_4 \in [1, 7]$。通过组合标定可确定插值基点，并采用尺度特征估计方法计算得到 x_1，x_2，x_3，x_4 的分辨级分别为 2^{-6}，2^{-5}，2^{-4}，2^{-3}。

由准确标定的实验数据，利用多传感信息尺度特征估计方法，根据各传感信息 f_j（$j=1$，2，3，4）计算对应的分辨级。先对各传感信息用 db4 小波函数进行 6 尺度分解，然后计算各个尺度的分辨误差估计值 ε_j，如表 4-2 所示。

表 4-2 各传感信息误差估计值计算结果

传感信息	ε_1	ε_2	ε_3	ε_4	ε_5	ε_6
f_1	2.25080	1.16720	0.48685	0.18546	0.12592	0.00803
f_2	1.31531	0.68226	0.28460	0.14970	0.07362	0.00469
f_3	1.15030	0.59616	0.24861	0.06353	0.06426	0.00410
f_4	1.08760	0.56386	0.23516	0.06015	0.06081	0.00387

根据公式（4-12），由分辨误差估计值 ε_j 计算得到误差阈值 $\xi=0.11471$。通过比较各传感信息的误差估计值和误差阈值可以得到各传感信息 f_j（$j=1$，2，3，4）对应的分辨级 m_j 分别为 2^{-6}，2^{-5}，2^{-4}，2^{-4}，由于 $m_3=m_4$，则比较 f_3 和 f_4 对应的 ε_4 取值，ε_4 小的则分辨级取大，从而得到 f_j 的分辨级 m_j 取值次序

为 $m_1 < m_2 < m_3 < m_4$，分别取为 2^{-6}，2^{-5}，2^{-4}，2^{-3}，它与文献［92］方法得到的分辨级取值次序一致，但其计算过程更简单。

2. 分辨阈值确定计算及插值解耦仿真

预估计准确度目标 θ 为 0.1%，采用 U_{12}^*（12^{10}）均匀试验表，并设通过拟水平混合均匀试验方法得到一组四传感系统的输入输出数据如表 4-3 所示，第 1 组、第 14 组数据分别为最小自变量组（2，2，0，1）和最大自变量组（10，5，4，7），第 2 至 13 组数据为 x_1，x_2，x_3，x_4 在不同水平下的取值，其中，x_1 选取 12 个水平，x_2 选取 4 个区间水平 [2，2.5]，(2.5，3]，(3，4]，(4，5]，x_3 选取 4 个区间水平 [0，1]，(1，2]，(2，3]，(3，4]，x_4 选取 6 个区间水平 [1，2]，(2，3]，(3，4]，(4，5]，(5，6]，(6，7]。

表 4-3　传感输入输出数据

序号	1	2	3	4	5	6	7	8	9	10	11	12	13	14
x_1	2	2.5	3	3.5	4.7	5.4	6	6.6	7	7.5	8	8.6	9.3	10
x_2	2	2.8	5	3	4.5	2.8	4.8	2.3	3.2	2.5	3.5	2.2	4	5
x_3	0	2.3	0.5	3.8	1.5	0.8	2.5	2	3.5	3	1	3.3	1.7	4
x_4	1	5.5	5	3	1.5	6.2	5	3.5	2	6.8	6	4	2.4	7
f_1	13.7	22.40	37.33	26.69	52.82	68.14	78.74	78.54	82.14	100.56	129.1	117.76	157.74	176.88
f_2	17.33	32.85	90.42	38.63	80.46	40.63	96.04	32.72	52.69	39.83	64.75	35.34	82.35	120.83
f_3	3.57	25.64	5.83	61.86	13.15	7.15	29.79	20.04	52.97	40.63	8.7	47.67	15.76	69.17
f_4	2.81	46.78	37.89	14.8	4.58	59.08	37.98	19.88	7.28	70.99	55.02	25.58	9.77	73.44

进行分辨阈值确定计算，当计算分辨阈值 δ 选为 2^{-4}，此时对 x_1 进行逐步插值解耦，它使用的插值方法分别为分段线性插值和 Hermite 插值，解耦误差为 0.081944%，插值解耦运行时间约为 50.4 ms。另外，还分别计算了 $\delta = 2^{-6}$，2^{-5}，2^{-3}，2^{-2} 时的解耦误差和运行时间，如表 4-4 所示。从表 4-4 可以看出，当 $\delta = 2^{-2}$ 时，x_1 解耦误差最小为 0.069167%，解耦运行时间为 69.8ms。这就表明，基于预估准确度目标的分辨阈值确定方法在保证解耦准确度的情况下，适当降低解耦的计算量，改善传感信息解耦方法的实时性能。

表 4-4　分辨阈值确定算法的计算结果

分辨阈值 δ	x_1 解耦误差/%	x_2 解耦误差/%	x_3 解耦误差/%	x_4 解耦误差/%	插值解耦运行时间/ms
2^{-6}	0.16407	0.36494	0.96948	1.0201	36.6

续表

分辨阈值 δ	x_1 解耦误差/%	x_2 解耦误差/%	x_3 解耦误差/%	x_4 解耦误差/%	插值解耦 运行时间/ms
2^{-5}	0.16407	0.07493	0.96921	1.0204	42.7
2^{-4}	0.081944	0.07493	0.96921	1.0204	50.4
2^{-3}	0.069321	0.07493	0.24121	1.0204	59.2
2^{-2}	0.069167	0.052383	0.24117	0.24628	69.8

表 4-5 为基于尺度逼近的插值解耦方法与神经网络解耦方法[94]的结果对比，从表 3-4 可清楚看到，当 $\delta = 2^{-2}$ 时，使用本方法的解耦误差最小，为 0.069167%，对应插值解耦计算的运算速度为 69.8ms，而神经网络法的解耦误差为 0.095%，对应的计算速度为 120ms，计算准确度提高了约 27.19%，运算速度提高了 41.83%；同时从边界点 1 和点 14 的计算结果可知，神经网络法对边界影响较为敏感，而插值解耦方法的运算值与解析值接近，有效克服了边界计算问题。

表 4-5　与神经网络的解耦结果对比情况

	计算误差	计算时间	收敛性
神经网络解耦方法	0.095%	120ms	边界（1 点，14 点）发散
多尺度解耦方法	0.069167%	69.8ms	工作区间内收敛
结论	计算误差降低 27.19%	计算时间减少 41.83%	不存在发散情况

4.6.3　基于方差可靠性的分辨阈值自适应解耦仿真

前面的仿真是针对异质传感解耦的情况，为考察基于方差可靠性的分辨阈值自适应解耦的有效性，对其中的测量目标 x_1，用 3 个目标传感器同时进行测量，取采样点为 2000，并对采样结果叠加不同噪声，用于表征它们具有不同内部及环境噪声方差特征，并取方差计算窗长 N 为 1000，其测量曲线 $f_{1\text{-}1}$，$f_{1\text{-}2}$，$f_{1\text{-}3}$ 如图 4-10（a）所示。同理，可分别获得 2000 个 x_2，x_3 和 x_4 的测量数据，其测量曲线 f_2，f_3，f_4 如图 4-10（b）所示。

根据分辨阈值确定计算方法，得到各目标传感器的初始分辨阈值 $\delta_{i0} = 2^{-4}$，对各传感信息 $f_j (j = 1, 2, 3, 4)$ 进行解耦计算，并对测量目标 x_1 的三个解耦结果与其真实值进行比较，得到第一个窗口内的实际解耦方差如图 4-11 所示，它们的最大方差、绝对误差和相对误差如表 4-6 所示。但在实际传感检测方差的计算中，传感检测目标的真实值并不可知，因此，在方差计算公式（4-28）中，用各

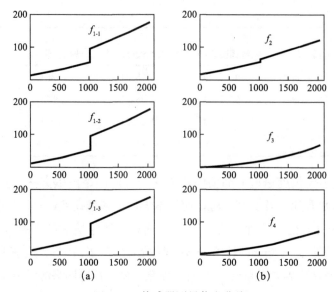

图 4-10   传感器测量信息曲线

目标传感器解耦后的均值代替其真实值进行计算，得到各目标传感器的方差曲线如图 4-12 所示。从图中可以看出，方差随着窗口内数据的增加而趋于稳定。由于第 1 个目标传感器的方差大于平均计算方差，这时将其分辨阈值调整为 $\delta_1 = 2^{-3}$，调整后，传感器 1 在第 2 个窗口内的解耦方差曲线如图 4-13（b）所示，它比未进行分辨阈值调整的解耦方差（图 4-13（a））降低了约 13.56%。

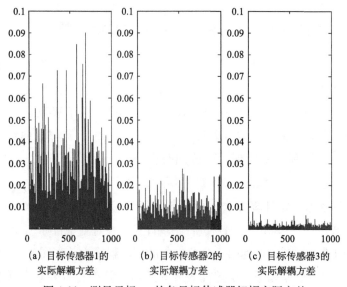

(a) 目标传感器1的   (b) 目标传感器2的   (c) 目标传感器3的
   实际解耦方差   实际解耦方差   实际解耦方差

图 4-11   测量目标 x_1 的各目标传感器解耦实际方差

表 4-6　传感信息解耦、融合误差

误差	传感器 1 的解耦值 x_1	传感器 2 的解耦值 x_1	传感器 3 的解耦值 x_1	标量加权融合值 x_1	最小二乘加权融合值 x_1
最大方差	0.090176	0.027531	0.007472	0.016110	0.006758
绝对误差	0.30029	0.16592	0.08644	0.12692	0.08221
相对误差	1.589	1.095	0.554	0.652	0.527

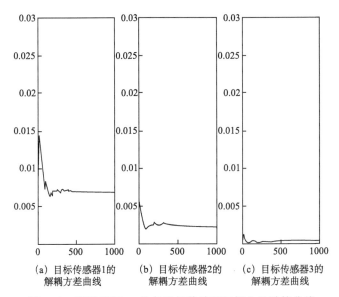

(a) 目标传感器1的
解耦方差曲线

(b) 目标传感器2的
解耦方差曲线

(c) 目标传感器3的
解耦方差曲线

图 4-12　测量目标 x_1 的各目标传感器解耦方差计算曲线

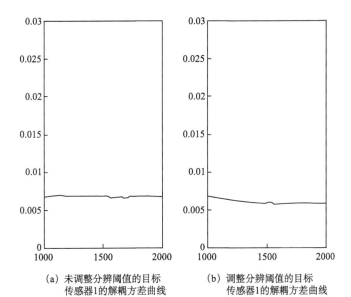

(a) 未调整分辨阈值的目标
传感器1的解耦方差曲线

(b) 调整分辨阈值的目标
传感器1的解耦方差曲线

图 4-13　调整分辨阈值对目标传感器 1 解耦方差的影响

基于各目标传感器的解耦方差，利用最小二乘融合原理，可计算得到检测目标的融合值 $\hat{x}_1$，其融合方差曲线如图 4-14（b）所示，其相应的误差值见表 4-6。从图 4-14 和表 4-6 可知：

最小二乘加权融合方法有效地提高了解耦准确度，它与标量加权融合方法相比，融合后的解耦准确度提高了 19.17%；与单个传感器相比，检测准确度最大提高了约 2.02 倍，获得了满意的检测准确度。

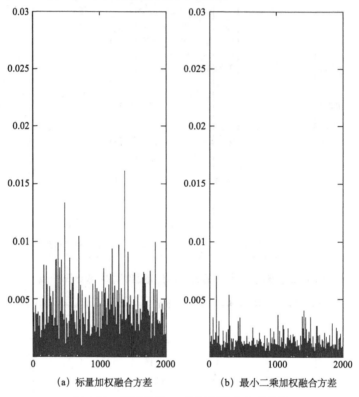

(a) 标量加权融合方差　　　　(b) 最小二乘加权融合方差

图 4-14　测量目标 x_1 的解耦融合方差曲线

4.6.4　多维空间插值方法在机器人示教中的应用

在机器人示教中，通常需要进行空间轨迹规划方法，空间曲线规划的一般过程为：①机器人示教，获得示教的空间点位置；②根据示教空间点，示教空间轨迹；③离散化空间轨迹曲线，获得机器人空间轨迹的插补运动点。在此将运用多结点样条插值方法来完成多维空间轨迹计算及插补。

设机器人示教获得的关键点为 (v_i, Y_i)，$i=1, 2, \cdots, m$，其中 m 远大于 n。要获得机器人示教的空间轨迹曲线，由公式（4-32）可知，需要反求控制系

数 D_i。求解控制系数的方法可以用最小二乘方法实现，即使得示教点的残差平方和最小。示教点残差公式如下：

$$F_D = \sum_{i=1}^{m} (P(v_i) - Y_i)^2 \tag{4-36}$$

则使 $\dfrac{\partial F_D}{\partial D_i} = 0$，可得到 n 个关于 D_i 的方程组：

$$\begin{bmatrix} \sum\limits_{i=1}^{m} (q_3(v_i - x_1))^2 & \sum\limits_{i=1}^{m} q_3(v_i - x_1)q_3(v_i - x_2) & \cdots & \sum\limits_{i=1}^{m} q_3(v_i - x_1)q_3(v_i - x_n) \\ \sum\limits_{i=1}^{m} q_3(v_i - x_2)q_3(v_i - x_1) & \sum\limits_{i=1}^{m} (q_3(v_i - x_2))^2 & \cdots & \sum\limits_{i=1}^{m} q_3(v_i - x_2)q_3(v_i - x_n) \\ \vdots & \vdots & & \vdots \\ \sum\limits_{i=1}^{m} q_3(v_i - x_n)q_3(v_i - x_1) & \sum\limits_{i=1}^{m} q_3(v_i - x_n)q_3(v_i - x_2) & \cdots & \sum\limits_{i=1}^{m} (q_3(v_i - x_n))^2 \end{bmatrix}$$

$$\begin{bmatrix} D_1 \\ D_2 \\ \vdots \\ D_n \end{bmatrix} = \begin{bmatrix} \sum\limits_{i=1}^{m} q_3(v_i - x_1)Y_i \\ \sum\limits_{i=1}^{m} q_3(v_i - x_2)Y_i \\ \vdots \\ \sum\limits_{i=1}^{m} q_3(v_i - x_n)Y_i \end{bmatrix}$$

该方程组的系数矩阵具有带状对角特点，条件数较好，方程组求解容易速度快[95]。

获得拟合曲线后，则需要离散化空间轨迹曲线，进行插补计算。规划过程中的插补，实际上是用小段直线、圆弧、曲线等对机器人空间轨迹曲线的逼近过程，即是数据点的密集化过程[96]。为了保证机器人运动的准确、平滑，需要使所有插补点的运动弧长误差控制在需求的精度误差 ζ 范围内。

设三次多结点样条曲线在参数区间 $[v_i, v_{i+1}]$ 内的导数为

$$P'(v) = \sum_{i=1}^{n} D_i q'_3(v - x_i); \quad v \in [v_i, v_{i+1}] \subset [v_1, v_n], \quad i = 1, 2, \cdots, n-1 \tag{4-37}$$

对参数定义域内的任意参数 v，根据求得的多结点样条曲线可方便求出 $P'(v)$。采用 Gauss 求积分的方法，可得到多结点样条曲线函数在区间 $[v_i, v_{i+1}]$ 所对应的空间弧长 s 及积分计算误差 η[97]：

$$s = \int_{v_i}^{v_{i+1}} |P'(v)| \, dv = \frac{v_i + v_{i+1}}{2} \int_{-1}^{1} \left| P'\left(\frac{v_{i+1} - v_i}{2}t + \frac{v_i + v_{i+1}}{2}\right) \right| dt \tag{4-38}$$

$$\eta = \left| \frac{P^{(2n+3)}(\xi)}{(2n+2)!} \right| \left| \int_{v_i}^{v_{i+1}} \omega_{n+1}^2(v)\,\mathrm{d}v \right|, \quad \xi \in [v_i, v_{i+1}] \tag{4-39}$$

若令 $P_\mu = \max\{|P^{(2n+3)}(\xi)|\}$，且限定的积分计算误差限为 $\pm\varepsilon$，则有

$$\frac{P_\mu}{(2n+2)!} \int_{v_i}^{v_{i+1}} \omega_{n+1}^2(v)\,\mathrm{d}v \leqslant \varepsilon \tag{4-40}$$

通过式（4-37）～（4-40），可求出区间 $[v_i, v_{i+1}]$ 上，积分计算误差限为 $\pm\varepsilon$ 的空间曲线弧长。

若机器人空间轨迹的运动进给弧长为 S，弧长进给误差为 ζ，采用如图 4-15 所示的弧长误差 ζ 控制下的插值点计算方法，逐段计算整个区间 $[v_3, v_n]$ 内的机器人运动轨迹的插值点，该算法在利用三次多结点样条函数进行计算时，取前 3 个示教关键点为初始的插值点。

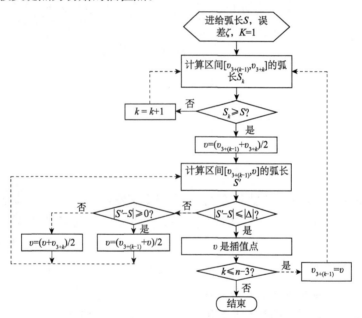

图 4-15　弧长误差 ζ 控制下的插值点计算

在图 4-15 中的插值点计算方法，弧长误差 $|\Delta|$ 应该满足如下的误差模型：

$$|\Delta| + \varepsilon \leqslant \zeta \tag{4-41}$$

即弧长误差 $|\Delta|$ 与积分截取计算误差 ε 之和，小于最终的误差控制要求 ζ。通过该误差模型，利用二分搜索区间方法即可得到区间 $[v_3, v_n]$ 内所有的插值点，这时计算获得的所有插值点，可保证机器人在每次插值时的弧长进给点都落在弧长公差范围内。

现在假定机器人需要沿着如式（4-42）所示的空间圆锥螺线进行动作。

$$\begin{cases} x = t \times \cos(\pi t/6) \\ y = t \times \sin(\pi t/6) \\ z = 2 \times t \end{cases} \qquad (4\text{-}42)$$

在机器人示教过程中，一般是通过示教关键点来引导机器人沿着设定路径进行动作的。为此，通过离散化空间圆锥螺线，获得空间示教关键点如图 4-16 所示，图中的空间示教关键点为 80 个。利用多结点样条插值进行拟合，可得到如图 4-17 所示的空间轨迹，该空间轨迹的拟合仅用了 8 段三次多结点样条曲线即完成。

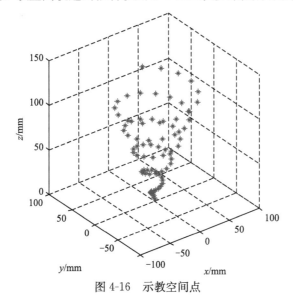

图 4-16　示教空间点

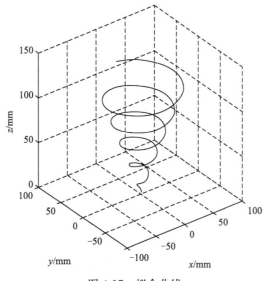

图 4-17　拟合曲线

　　若机器人的运动曲线弧长为 3mm,运动时的弧长误差要求为±0.01,弧长积分计算误差为±0.005。根据误差模型,可计算出二分搜索计算时的终止条件$|\Delta|\leqslant 0.005$。计算得到的符合误差控制要求的插值点如图 4-18 所示,插值点数为 176 个。

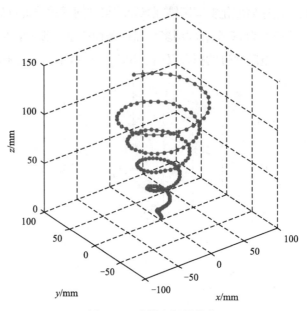

图 4-18　多维空间插值点

4.7　本章小结

　　(1) 基于 IEEE 1451 标准,可建立一种通用的多传感信息自校正模型,它具有自诊断、自校正、多传感、存储和网络化通信等功能。多传感信息自校正模型利用传感元件输出信号额定特征,可从信号幅度、变化趋势,甚至信号预测等方面进行传感元件故障判断,试验证明传感元件的自评估技术可有效提高监测系统自校正的可靠性。

　　(2) 提出一种简便的多传感信息尺度特征估计方法。该方法对所有传感信息仅进行一次 N($N\geqslant 6$) 尺度分解,求得分辨误差 ε_l 和分辨误差阈值 ξ,进而完成多传感信息量的尺度特征估计,过程相对比较简单。同时基于多传感信息尺度特征估计方法,提出一种基于尺度逼近的多传感信息自适应插值解耦方法,它可根据各传感信息分辨级和在预估准确度目标下确定的分辨阈值 δ,确定不同插值方法，完成多传感信息解耦计算。

（3）对多传感信息插值解耦方法推广至同质传感中，研究基于方差可靠性的分辨阈值在线调整方法。先基于预估准确度目标确定解耦计算的分辨阈值，实行信息解耦；根据解耦过程中解耦准确度的实际变化情况，在线调整分辨阈值。

（4）将多维空间的多结点样条插值方法运用在机器人示教轨迹规划中，利用空间多结点样条插值良好特性，可对空间示教关键点进行曲线拟合，并通过研究发现多结点样条拟合对于空间离散数据拟合效果良好。然后在给定弧长及弧长误差的情况下，通过二分搜索区间的方法得到误差控制下的插值点，可实现机器人在给定误差下的空间运动轨迹规划。

第5章　传感信息动态预测方法

网络化是新型智能传感技术发展的必然趋势。在传感器网络的一些应用中，往往具有如下信息传输特性：①时间特性要求高，要求减少传感器的响应滞后和降低数据传输延迟；②采样信号具有周期性特征，在传感信息传输过程中一般不要求重发；③存在数据帧丢失、网络拥塞、延时等问题。因此在传感器网络中研究网络化传感信息实时性及预测方法，解决传感采集信号的滞后延迟、传输延迟及丢失问题时具有重要意义。

5.1　网络化传感系统信息流模型

网络化智能监测系统包含众多的传感节点，并通过节点来构建整个网络化监测系统，图 5-1 为通过时间来标识的网络化智能传感系统的信息流模型图[98]，它按照结构分成三部分来表述：智能变送器接口模块 STIM、变送器独立接口 TII、网络适配器 NCAP，以及 NCAP 到网络 t_{NW}，STIM 模块信息流则涉及传感器采集数据到 STIM 模块、STIM 模块的信息处理环节。整个信息流的流向可分两部分：一为发送数据，即从传感器采集数据至 STIM 模块，继而由 TII 模块发送至 NCAP 模块，最后向远程网络发送数据；二是数据/指令接收过程，即远程控制终端通过网络向 NCAP 发送指令，相继通过 TII 模块、STIM 模块最终传送至关联执行器。

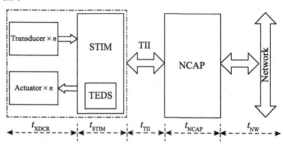

图 5-1　网络化智能传感系统的信息流模型图

如图 5-1 所示，若设传感器数据采集时间为 t_{XDCR}，STIM 数据处理时间为 t_{STIM}，TII 传输数据时间为 t_{TII}，NCAP 处理数据时间为 t_{NCAP}，网络传输时间为 t_{NW}，那么整个网络化监测系统采样频率为

$$F_s = \frac{1}{t_{XDCR} + t_{STIM} + t_{TII} + t_{NCAP} + t_{NW}} \tag{5-1}$$

在公式（5-1）中，由于 t_{XDCR} 与传感器/变送器硬件本身直接相关，取决于传感器的动态特性，t_{STIM}，t_{NCAP} 受微处理器速度、算法直接影响，t_{TII} 则由 TII 模型传输机制及硬件速度决定，上述这些参数都是可以预见、确定的，只有 t_{NW}，它取决于网络状态、网络协议、数据量等，存在延迟抖动，具有不确定性，因此，从整个信息流模型看，要满足监测系统的时间特性要求，一在于减少传感器的响应滞后，即减少 t_{XDCR}；二在于传输延时 t_{NW} 的估计，降低传输延迟。这两个方面往往可以通过预测补偿来实现。

5.2　传感信息动态预测模型

对网络化的多传感信息系统，根据图 5-1 所示的系统信息流模型，要提高其系统的响应特性，一方面可以降低传感器的响应滞后，另一方面则是降低网络传输延迟。这两个方面都可以借助传感系统已知、现在的检测信息进行准确预测来实现补偿。为此提出如图 5-2 所示的传感信息动态预测模型，模型分为预测前处理、动态预测两个部分。其中，预测前处理主要是对传感信息序列 $x_i(1)$，$x_i(2)$，$\cdots$，$x_i(M)$（$1 \leqslant i \leqslant n$，$M$ 为序列长度）进行在线小波分解计算，借助小波分析的低通滤波效应，有效抑制噪声干扰；动态预测主要是对分解计算的各层信息有效利用而采用不同回归模型进行预测，重构传感信息 $x_i(k)$（$1 \leqslant k \leqslant M$），得到预测值 $\hat{x}_i(M+1)$。为便于更好深入研究，下面先对基于小波计算的传感信息动态预测模型进行相关数学描述。

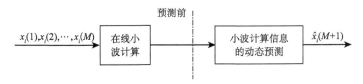

图 5-2　基于小波计算的传感信息动态预测模型

设对传感信息进行 N 层离散小波变换，得到原始检测数据 $X = (x_i(1)$，$x_i(2)$，$\cdots$，$x_i(M))$ 的非平稳平滑信息 $c_{N,t}$ 和平稳分辨层信息（细节信息）

$d_{j,t}$ ($j=1$, 2, $\cdots$, N, $t=1$, 2, $\cdots$, M)。为实现时间同步，以便在时间序列预测中应用，应使分解后每层小波信息个数与原始数据序列相同[99]（图 5-3）。$d_{j,t}$ 和 $c_{N,t}$ 分别采用 AR 模型及多项式模型进行预测，得到它们的预测信息 $c_{N,M+1}$ 和 $d_{j,M+1}$($j=1$, 2, $\cdots$, N)，最后重建得到原始数据预测值 $\hat{X}_i(M+1)$。其预测数学模型为

$$\hat{x}_i(M+1) = c_{N,M+1} + \sum_{j=1}^{N} d_{j,M+1} \tag{5-2}$$

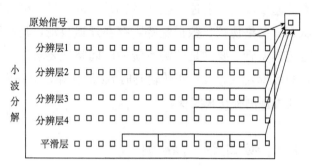

图 5-3　传感信息小波分解及动态预测模型的使用数据

在图 5-3 中，进行各层小波信息的动态预测时，参与预测的数据采用间步方法选取，间隔数 L_r 的大小由传感延迟时间参数 τ 确定。该方法实现下一间隔传感信息的直接预测，避免多步预测中预测误差的累积问题。可以看出，小波信息动态预测模型并不是所有的数据都参与预测，每层分解信息只有少部分数据参与预测计算，这些数据从分布上来看，既反映各层信息当前最近变化，也反映在各层信息的窗口范围内最近变化趋势。

5.3　传感信息快速小波计算

对传感信息系统的观测样本，常用的离散小波变换（Discrete Wavelet Transform，DWT）算法有 à trous 算法和 mallat 算法。其中 à trous 算法是一种冗余小波变换算法，它分解后各层信息与原始传感检测信息长度相同，具有平移不变性，适合于图 5-3 预测模型中应用。下面将基于 à trous 算法，进一步讨论传感信息动态预测模型的快速小波计算方法。

à trous 算法在进行小波数据计算时，其尺度函数 $\phi(u)$ 满足如下两尺度方程[100]：

$$\frac{1}{2}\phi\left(\frac{u}{2}\right)=\sum_{l}h_{l}\phi(u-l) \tag{5-3}$$

由尺度函数 $\phi(u)$ 和式（5-3）可确定 $\{h_{l}$，$l=0$，1，2，$\cdots$，$n\}$。相应小波函数 $\psi(u)$ 有

$$\frac{1}{2}\psi\left(\frac{u}{2}\right)=\phi(u)-\frac{1}{2}\phi\left(\frac{u}{2}\right) \tag{5-4}$$

再由传感信息多尺度逼近性质，得两尺度传感信息数据 c_{k}^{-j}，c_{k}^{-j+1} 之间有如下关系：

$$c_{k}^{-j}=\sum_{l}h_{l}c^{-j+1}(k+2^{-j+1}l) \tag{5-5}$$

并令其差异用离散小波系数 d_{k}^{-j} 表示，即

$$d_{k}^{-j}=c_{k}^{-j+1}-c_{k}^{-j} \tag{5-6}$$

若已知原始传感信息数据 c^{0}，按式（5-3）～（5-6）计算，可求得 à trous 小波系数。由小波系数计算过程，是对原始时间序列进行差分处理，故传感信息经过 à trous 滤波可分离出原始时间序列的趋势项（平滑信号）和平稳随机项（细节信号）[100]。

若将原始传感信息数据 c^{0} 经深度为 N 的小波分解，求得 c_{k}^{-N}，d_{k}^{-j}（$j=1$，2，$\cdots$，N)，那么，传感信息 c^{0} 的重构公式为

$$c^{0}=\sum_{j=1}^{N}d_{k}^{-j}+c_{k}^{-N} \tag{5-7}$$

为降低计算时间及存储空间，可应用 DWT 算法，采用滑动窗口模型（Sliding Window Model，SWM）进行传感信息小波计算[101]。滑动窗口模型只存储最近 M 个采样数据，伴随着窗口移动，新数据进来旧数据离开，从而使窗口中数据得到更新。

设滑动窗口大小为 $M=16$，按照多分辨分析原理，该窗口内传感信息可用图 5-4（a）所示的 j（$j=\log_{2}M$）层树状结构表示。随着新检测数据到来，窗口中数据逐步更新（第 1 个数据出去，第 17 个数据进来），à trous 算法可计算出

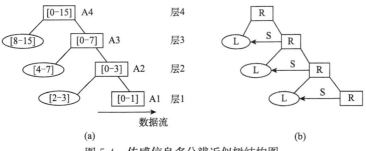

图 5-4　传感信息多分辨近似树结构图

窗口内数据的平滑信息（用图 5-4（b）的多分辨近似树表示）。图中，多分辨近似树有 3 个节点，分别为 L 节点（旧平滑信息）、S 节点（左移节点，用于保存移动数据，实现平滑信息更新）和 R 节点（有效平滑信息）。

图 5-5 为基于多分辨近似树的改进更新算法，其中初值 R_0 和 L_0 分别为第 1，2 位数据 d_0，d_1[102]。平滑信息在不同层次其更新频率不同，在 j 层每 2^j 个时间单元才完成一次更新。

```
Procedure Multiresolution _ update _ tree
        Max _ level：=log₂M;
        l：=1;
        while l≤max _ level   do
          approximations（L₁）：=approximations（S₁）;
          approximations（S₁）：=approximations（R₁）;
          approximations（R₁）：=DWT _ atrous（R₁₋₁，L₁₋₁）;
          l：=l+1;
        end while
end procedure
```

图 5-5　基于多分辨近似树的改进更新算法

此外，在进行传感信息小波快速计算时，还需基于正交性、紧支性、正则性、对称性、消失矩及相应的应用领域特点等因素，选择合适的小波基函数[103]。本书对传感信息预测补偿可选取 harr 小波基，这是因为 harr 小波具有如下特点：①可有效解决小波多尺度分析时的边界问题；②具有很好的对称性，小波系数有限，可满足在线快速计算要求；③时域局部化特性好（尽管频域分辨率较差），无时间混叠现象，适合基于时间序列预测。

5.4　小波计算信息的动态预测

由小波快速计算算法，实现传感信息的小波分解后，下面结合传感信息动态预测的数学模型，讨论其平滑层、各分辨层信息的动态预测方法。

5.4.1　平滑层信息动态预测

非平稳平滑层信息应用基于滑动窗口多项式模型（Sliding Window Polynomial Model，SWPM）进行预测。设传感信息经 à trous 算法分解后的平滑层信息为 $X_C(k)=[c_{N,M}(k),\ c_{N,M-1}(k),\ \cdots,\ c_{N,1}(k)]^T$，由于是选用部分数据参与，则 SWPM 窗口数据 $K \leqslant M$，并可得到窗口内平滑信息 c_i 的多项式模型为

$$c_i = \sum_{l=0}^{A_{N,1}} a_{N,l}n_i^l, \quad i=1,2,\cdots,K \tag{5-8}$$

式中 A_N 为多项式模型阶次，$a_{N,l}$ 为多项式模型参数。要估计出多项式中的 L（$L=A_N+1$）个参数，至少需要构建 L 个观察方程（窗口 K 满足 $K \geqslant L$），即

$$\begin{cases} a_{N,0}+a_{N,1}n_1+a_{N,2}n_1^2+\cdots+a_{N,A_N}n_1^{A_N}=c_1 \\ a_{N,0}+a_{N,1}n_2+a_{N,2}n_2^2+\cdots+a_{N,A_N}n_2^{A_N}=c_2 \\ \qquad\qquad\qquad \vdots \\ a_{N,0}+a_{N,1}n_K+a_{N,2}n_K^2+\cdots+a_{N,A_N}n_K^{A_N}=c_K \end{cases} \tag{5-9}$$

设

$$A=[a_{N,A_N},\ \cdots,\ a_{N,1},\ a_{N,0}]^T, \qquad X=\begin{bmatrix} n_1^{A_N} & \cdots & n_1 & 1 \\ n_2^{A_N} & \cdots & n_2 & 1 \\ \vdots & & \vdots & \vdots \\ n_K^{A_N} & \cdots & n_K & 1 \end{bmatrix}$$

$$Y=[c_1,\ \cdots,\ c_2,\ c_K]^T$$

若有 $X^TX=W$ 且 $|W|\neq 0$，则由最小二乘方法，可求出模型参数 A 为

$$A=(X^TX)^{-1}X^TY=W^{-1}X^TY \tag{5-10}$$

进一步可外推预测下一个延滞时间间隔的平滑信息：

$$\hat{c}_{i+1} = \sum_l^{A_N} a_{N,l}n_{i+1}^l \tag{5-11}$$

可以看出，$W^{-1}X^T$ 只与 n_i（$i=1,2,\cdots,K$）有关，一旦确定 n_i，就可以预先计算出 $W^{-1}X^T$。在预测计算中只需要将新分解的平滑层信息，更新到矩阵 Y 就可用公式（5-10）进行参数估计，实现平滑层信息的实时预测。矩阵 Y 的更新是将矩阵 Y 中第 $i+1$ 个元素赋予第 i 个元素（$i=1,2,\cdots,K-1$），并将新的信息移入。

若已知传感器的延迟时间参数 τ，根据采样间隔，就可知道多项式预测步数 m，则在平滑层信息的 m 步预测算法流程（图 5-6），间隔步数 $L_\tau=m-1$。多项式的阶次 l、滑动窗口的大小 K 对基于滑动窗口多项式预测算法准确度有重要影响。

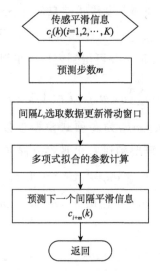

图 5-6　基于滑动窗口多项式预测模型的预测流程图

5.4.2　分辨层信息动态预测

可用 AR 模型对平稳分辨层 j（$1 \leqslant j \leqslant N$）信息进行预测。设 AR 模型参数向量 $\theta_j = [a_1', a_2', \cdots, a_{A_j'}']^{\mathrm{T}}$，$A_j'$ 为模型参数个数。自适用 LMS（Least Mean Square）方法、RLS（Recursive Least Square）方法和 Kalman 滤波方法是目前对 AR 模型参数进行在线计算的代表方法，其中 Kalman 方法具有更好的计算一致性和收敛性。下面将利用 Kalman 滤波方法对 AR 模型参数进行自适应估计，实现对分辨层信息的动态预测。

用 AR 模型实现 m 步预测，在各分辨层信息中同样间隔 L_τ 选取数据，组成预测序列 $X_j(k) = [d_{j,M}(k), d_{j,M-(L_m+1)}(k), \cdots, d_{j,M-(L_m+1)(A_j'-1)}(k)]^{\mathrm{T}}$，相应的 AR 模型参数 $\theta_j(k) = [a_{j,1}', a_{j,2}', \cdots, a_{j,A_j'}']^{\mathrm{T}}$，并设 $\Phi_j(k)$ 为

$$\Phi_j(k) = \begin{bmatrix} a_{j,1}' & a_{j,2}' & \cdots & a_{j,A_j}' \\ 1 & 0 & 0 & 0 & 0 \\ \vdots & \vdots & \vdots & \vdots & \vdots \\ 0 & 0 & 0 & 1 & 0 \end{bmatrix}_{A_j' \times A_j'} \tag{5-12}$$

则各分辨层信息的 AR 模型，可用下面状态空间函数来表示：

$$\begin{cases} X_j(k) = \Phi_j(k)X_j(k-1) + \Gamma_j u_j(k) \\ y_j(k) = H_j X_j(k) + n_j(k) \end{cases} \tag{5-13}$$

式中：$y_j(k)$ 为 k 时刻检测信息在分辨层 j 的细节信息，$u_j(k)$ 和 $n_j(k)$ 为各分

辨层信息模型的零均值噪声；输入向量 Γ、观测向量 H 满足：

$$H_j = \Gamma_j^{\mathrm{T}} = [1, \ 0, \ \cdots, \ 0]_{A'_j}$$

对于一个新观测值 $y_j(k)$，可用 Kalman 最优滤波获得估计信号 $\hat{X}_j(k|k)$：

$$\hat{X}_j(k|k) = \Phi_j(k)\hat{X}_j(k-1|k-1) + K_j(k)v_j(k) \qquad (5\text{-}14)$$

进一步可计算此时的细节信息

$$\hat{d}_{j,M}(k|k) = H_j\hat{X}_j(k|k) \qquad (5\text{-}15)$$

式（5-14）中 Kalman 增益 $K_j(k)$、修正表达式 $v_j(k)$ 满足如下关系：

$$v_j(k) = y(k) - H_j\Phi_j(k)\hat{X}_j(k-1|k-1) \qquad (5\text{-}16)$$

$$K_j(k) = P_j(k|k-1)H_j^{\mathrm{T}}C_j(k)^{-1} \qquad (5\text{-}17)$$

式中协方差矩阵 $C_j(k)$ 由下式计算

$$C_j(k) = H_jP_j(k|k-1)H_j^{\mathrm{T}} + \sigma_{j,v}^2 \qquad (5\text{-}18)$$

$P_j(k|k-1)$ 的递推估计关系式为

$$\begin{cases} P_j(k|k) = [I_{A_j} - K_j(k)H_j]P_j(k|k-1) \\ P_j(k|k-1) = \Phi_j(k)P_j(k-1|k-1)\Phi_j(k)^{\mathrm{T}} + \Gamma_j\sigma_{j,u}^2\Gamma_j^{\mathrm{T}} \end{cases} \qquad (5\text{-}19)$$

其中 $\sigma_{j,u}^2$ 和 $\sigma_{j,v}^2$ 为式（5-13）的噪声方差，且 $\sigma_{j,v}^2 = \sigma_{j,n}^2$，它们的递推计算[104]为

$$\begin{cases} \hat{\sigma}_{j,u}^2(k) = \dfrac{k-1}{k}\hat{\sigma}_{j,u}^2(k-1) + \dfrac{1}{k}D_jL_j(k)D_j^{\mathrm{T}} \\ L_j(k) = P_j(k|k) - \Phi_j(k)P_j(k-1|k-1)\Phi_j(k)^{\mathrm{T}} + K_j(k)v_j^2(k)K_j(k)^{\mathrm{T}} \\ D_j = [1,0,\cdots,0]_{A'_j} \end{cases}$$

$$(5\text{-}20)$$

$$\begin{cases} \hat{\sigma}_{j,v}^2(k) = \dfrac{k-1}{k}\hat{\sigma}_{j,v}^2(k-1) + \dfrac{1}{k}Q_j(k) \\ Q_j(k) = v_j^2(k) - H_jP_j(k|k-1)H_j^{\mathrm{T}} \end{cases} \qquad (5\text{-}21)$$

由式（5-14）和式（5-15）可推得

$$\begin{aligned} \hat{d}_{j,M}(k|k) &= H_j[\Phi_j(k)\hat{X}_j(k-1|k-1) + K_j(k)v_j(k)] \\ &= \hat{X}_j(k-1|k-1)^{\mathrm{T}}\theta_j(k) + H_jK_j(k)v_j(k) \\ &= \hat{X}_j(k-1|k-1)^{\mathrm{T}}\theta_j(k) + V_{j,\theta}(k) \end{aligned} \qquad (5\text{-}22)$$

对于平稳的各分辨层信息，AR 模型参数满足 $\theta_j(k) = \theta_j(k-1)$，从而构成以下状态空间函数：

$$\begin{cases} \theta_j(k) = \theta_j(k-1) \\ \hat{d}_{j,M}(k|k) = \hat{X}_j(k-1|k-1)^{\mathrm{T}}\theta_j(k) + V_{j,\theta}(k) \end{cases} \qquad (5\text{-}23)$$

那么，AR 模型参数的 Kalman 滤波估计公式为

$$
\begin{cases}
\theta_j(k) = \theta_j(k-1) + K_{j,\theta}(k)V_{j,\theta}(k) \\
K_{j,\theta}(k) = P_{j,\theta}(k\,|\,k-1)H_{j,\theta}^{\mathrm{T}}\big[H_{j,\theta}P_{j,\theta}(k\,|\,k-1)H_{j,\theta}^{\mathrm{T}} + R_{j,\theta}(k)\big]^{-1} \\
P_{j,\theta}(k\,|\,k) = \big[I_{A_j} - K_{j,\theta}(k)H_{j,\theta}\big]P_{j,\theta}(k\,|\,k-1) \\
H_{j,\theta} = \hat{X}_j(k-1\,|\,k-1)^{\mathrm{T}} \\
R_{j,\theta}(k) = H_j K_j(k)C_j(k)K_j(k)^{\mathrm{T}}H_j^{\mathrm{T}} \\
V_{j,\theta}(k) = H_j K_j(k)v_j(k)
\end{cases}
\tag{5-24}
$$

由式（5-13）～（5-24）可知，各分辨层信息的自适应预测需采用两个并行 Kalman 滤波器递推（Recursive Estimator based on Parallel Kalman，REPK）实现，其原理可直观地用图 5-7 表示。REPK 算法在（$k-1$）时刻，先用 Kalman 滤波器 KF2 估计 AR 模型参数 $\theta_j(k-1)$，并根据 $\theta_j(k-1)$ 利用 AR 模型预测 $\hat{d}_{j,M+1}(k-1)$，同时将参数 $\theta_j(k-1)$ 传给 k 时刻的 Kalman 滤波器 KF1，k 时刻的 KF1 根据小波多尺度分解的最新信息 $y_j(k)$ 估计 $\hat{X}_j(k\,|\,k)$，更新此刻的细节信息 $\hat{d}_{j,M}(k\,|\,k)$。如此，REPK 算法交替进行模型参数 θ_j 的递推辨识与 $\hat{X}_j(k)$ 的最优估计，并根据时变数据中真实信号的最优估计，实现对细节信息的在线预测[105,106]。

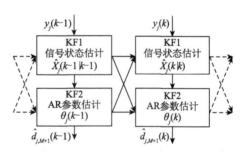

图 5-7 递推并行 AR 参数估计及信息预测算法

REPK 递推算法的初值为

$$
\theta_j(1) = \theta_j(0) = 0_{A_j \times 1}, \qquad P_{j,\theta}(0) = I_{A_j}, \qquad X_j(0) = 0, \qquad P_j(0) = 10^4 I_{A_j \times A_j}
$$

5.5 实现传感器滞后补偿的动态预测算法

由小波快速计算方法和各层信息的递推预测算法，得到传感器响应滞后补偿的动态预测算法的流程如图 5-8 所示。

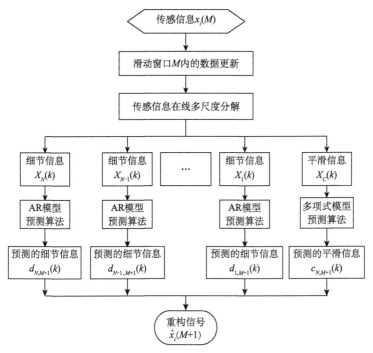

图 5-8　基于小波计算的传感信息动态预测补偿算法流程图

具体实现步骤如下：

（1）最新传感信息 $x_i(M)$。

（2）由最新检测信息，更新滑动窗口内的数据 $S(x_i(1)，x_i(2)，\cdots，x_i(M))$，窗口大小 M 设为 2^N（N 为传感信息分解尺度，可用 4.3.1 小节的多传感信息尺度特征估计算法来确定）。

（3）采用 5.3 节的小波快速计算方法，对窗口内的传感信息进行 N 尺度分解，分解后各分辨层的信息 $X_j(k)=[d_{j,M}(k)，d_{j,M-1}(k)，d_{j,M-2}(k)，\cdots，d_{j,1}(k)]^T$（$j=1，2，\cdots，N$，$k$ 表示时间），平滑层信息 $X_C(k)=[c_{N,M}(k)，c_{N,M-1}(k)，c_{N,M-2}(k)，\cdots，c_{N,1}(k)]^T$。

（4）对各分辨层信息 $X_j(k)$ 用 5.4.2 小节并行 Kalman 递推算法估计各分辨层细节信息的 AR 模型参数并进行预测，得到细节信息 $d_{j,M+1}(k)$（$j=1，2，\cdots，N$）。

（5）对平滑层信息用 5.4.1 小节滑动窗口多项式预测模型进行多项式参数估计及预测，得到平滑信息 $c_{N,M+1}(k)$。

（6）由预测得到的各分辨层信息 $d_{j,M+1}(k)$ 和平滑层信息 $c_{N,M+1}(k)$ 进行信号重构，得到传感预测补偿信息 $\hat{x}_i(M+1)$：

$$\hat{x}_i(M+1) = c_{N,M+1}(k) + \sum_{j=1}^{N} d_{j,M+1}(k)$$

$$= \sum_{l=0}^{A_N} a_{N,l} n_{M+1}^l + \sum_{j=1}^{N} \sum_{k=1}^{A_j'} a_{j,k}' d_{j,M-(A_j'-1)*(L_\tau+1)} \tag{5-25}$$

传感信息的 m 步预测，是通过增大序列间隔时间，使用直接预测的方法来获得。这种多步预测方法在进行长时间预测（如 10 步预测）时，存在间隔时间过长，参与预测信息不能实时反映检测信息最近变化的缺点。

为此，作者在已提出的模型参数估计算法基础上，直接对上述时间序列预测自身建模流程进行改进，设计了一种滚动混合式预测算法，其基本思想如下。

将一次 m 步预测，分解为若干次直接多步预测，利用前一次预测得到的数据实现后一次预测模型参数的重新估计，如此滚动、修正预测模型参数，直至完成所有分解的直接多步预测。以 10 步预测为例：模型在进行 10 步预测计算过程中，可先用直接多步预测方法进行一次 3 步预测，迭代得到 $t+3$ 时刻的预测值后，利用该预测值实现模型参数的重新估计，以得到包含该预测值信息在内的新模型方程，按照此方法滚动，再进行 2 次 3 步预测计算，最后完成 1 次 1 步预测，即完成 10 步预测。当完成所有 4 次直接预测计算后，引入实测值重新修正模型参数，进入下一个循环的 10 步预测计算。由于该方法采用了滚动修正的思想，它比直接 10 步预测的准确度要高。

5.6　基于时间同步的网络化传感信息预测

在图 5-1 所示的网络化传感系统的信息流模型中指出，除了传感器的响应滞后外，还有网络化传感信息的传输延迟也会影响系统的实时特性，即要进行传输延时 t_{NW} 的估计，并实现预测补偿。

在很多的网络化传感应用中，应用、算法都需要统一的时钟基准，比如节点定位、休眠周期的同步、数据融合等[107]。在应用中，传感网络的不同节点由于受到温度、电压、空气压力等环境变化，节点晶体振荡器频率偏差，以及振荡器老化等因素的影响，不同节点的振荡器固有频率会出现漂移，会不可避免的带来时间误差[108]。因此，时间同步是网络化传感的一个重要支撑技术，通过时间同步机制，可建立一个统一的时空，以便于实现传输延时 t_{NW} 的估计。

5.6.1　面向延迟测算的 DMTS 时间同步技术

目前用于传感网络时间同步的算法主要有：RBS 算法、FTSP 算法、TPSN 算法和 DMTS 算法等。鉴于无线传感网络存在能量、存储空间以及带宽等方面的应用限制，这些算法往往是在算法复杂度、精度以及能耗等方面采用了不同机制和折衷实现方法，比如 RBS 算法可达到较高的同步精度，但计算量、同步开销大，能耗高；FTSP 算法同步精度较高，能耗低，但算法收敛时间长，受异常数据点影响大；TPSN 算法同步效果好，但能耗也较大，算法鲁棒性较低；而 DMTS 算法则是通过牺牲部分时间同步精度来获得较低的算法复杂度和能耗。在一些应用中，低的算法复杂度和能耗对其应用实施具有重要意义，为此通过对上述时间同步算法的对比分析，下面将基于面向延迟测算的 DMTS 时间同步技术，实现时间同步。

在应用中，监测节点是每隔一个特定的时间 T_{per} 发送监测数据的，为了降低能耗，特别是在无线传感网络中，传感网络的时间同步通常是利用此通信机会来开展。考虑到同步过程中，存在某节点繁忙，本地时钟无法及时得到修正和降低节点能耗的问题，可将节点的同步频率降低，设置同步时间周期为 $N \times T_{per}$，此时同步周期 $N \times T_{per}$ 中 N 的确定，主要由各节点晶体振荡器间的差异和节点时间偏移程度来确定。正常情况下，传感网络节点在 T_{per} 的大部分时间内都处于休眠状态，其 MCU 系统时钟停止工作，仅 RTC 时钟处于工作状态，因此时间同步只需校准 RTC 晶体振荡器的时钟计数即可。

基于 DMTS 的时间同步过程如图 5-9 所示。图中，传感网络的时钟同步信

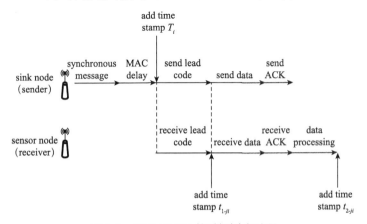

图 5-9　基于 DMTS 的时间同步过程

息由报文进行传递，报文的传递必然带来延时抖动，则必须通过传输延迟测算方法来计算出时间偏移，进而实现基于时钟偏移修正的时间同步。它的基本实现过程包括：各节点获得参考时间、测算时间传输误差和修正本地时钟[109]。由图 5-9可知，每个子节点都是将其时钟同步到汇聚节点。为此，可设计如表 5-1所示的同步数据帧格式，通过该同步数据帧，WSN 的同步周期 $N \times T_{per}$ 在应用中可以动态调整，以适应实际运行的需要。

表 5-1   同步数据帧格式

同步前导码	广播地址	同步数据	同步数据间隔数 N

那么基于同步数据帧在传输路径上延迟的估计，为了消除发送端发送时延和 MAC 访问时延的影响，汇聚节点在发送数据时，给同步广播分组在 MAC 层加上时间标记 T_i（$i=1, 2, \cdots, n$）。这时为了便于子节点的同步，需要发送同步前导码，根据发送数据比特数 k 和每个比特的传输时间 t，可以计算出同步前导码的发送时间为 kt。子节点 j 在接收完同步前导码后，打上第一个本地时间标记 t_{1_ji}，待子节点接收并处理完同步信息后，再加上第二个本地时间标记 t_{2_ji}，则子节点处理延迟为 $t_{2\_ji} - t_{1\_ji}$。则子节点从 T_i 到调整时钟前，经历的时间延迟为

$$t_{NW} = kt + (t_{2\_ji} - t_{1\_ji}) \tag{5-26}$$

那么子节点 j 的本地时钟 t_{ji} 调整为

$$t_{ji} = T_i + kt + (t_{2\_ji} - t_{1\_ji}) \tag{5-27}$$

5.6.2   基于分段拟合的时间自校准方法

在应用中，可能存在某些子节点正处于繁忙、无法及时接收同步信息而错过一次时间同步的问题。为此可减少节点的同步频率，采用分段拟合的方法，通过子节点的自校准来实现时间同步。基于分段拟合的时间自校准方法设计如下：子节点 j 记录下最近 l 个（$l \leqslant n$）汇聚节点发送的标准时间 T_i，同时记录 l 个本地标记时间对（t_{1_ji}，t_{2_ji}），获得 l 个时间标记序列（T_i，t_{1_ji}，t_{2_ji}）。由于本地标记时间 t_{1_ji}，t_{2_ji} 之间关系，主要体现了子节点信息处理速度，可以近似的看作是线性关系，为此采用一元线性回归的方法，将记录的时间标记（t_{1_ji}，t_{2_ji}），代入下式，即可获得其最佳拟合曲线 $t_1 = at_2 + b + \varepsilon$[110]。

$$
\begin{cases}
t_1 = at_2 + b + \varepsilon \\[2mm]
a = \dfrac{\sum\limits_{i=1}^{l} (t_{2\_ji} - t_2)(t_{1\_ji} - t_1)}{\sum\limits_{i=1}^{l} (t_{2\_ji} - t_2)^2} \\[2mm]
b = t_1 - at_2
\end{cases}
\tag{5-28}
$$

式中 t_1，t_2 分别为本地第 1，2 标记时间 t_{1_ji}，t_{2_ji} 的期望值。

汇聚节点发送的标准时间 T_i 和本地第 1 标记时间 t_{1_ji} 之间关系，因受到较多因素的影响，需用多项式来进行拟合：

$$
T_i = \sum_{p=0}^{A_N} a_p t_{1\_ji}^p, \quad i = 1, 2, \cdots, l
\tag{5-29}
$$

公式中 A_N 为多项式拟合模型次数，a_p 为多项式模型参数。为了估计 $A_N + 1$ 个多项式模型参数，至少需要构建 L（$l \geqslant L \geqslant A_N + 1$）个观测方程：

$$
\begin{cases}
a_0 + a_1 t_{1\_j1} + a_2 t_{1\_j1}^2 + \cdots + a_{A_N} t_{1\_j1}^{A_N} = T_1 \\
a_0 + a_1 t_{1\_j2} + a_2 t_{1\_j2}^2 + \cdots + a_{A_N} t_{1\_j2}^{A_N} = T_2 \\
\qquad\qquad\qquad\qquad \vdots \\
a_0 + a_1 t_{1\_jL} + a_2 t_{1\_jL}^2 + \cdots + a_{A_N} t_{1\_jL}^{A_N} = T_L
\end{cases}
\tag{5-30}
$$

设 $A = [a_{A_N}, \cdots, a_1, a_0]^{\mathrm{T}}$，$X = \begin{bmatrix} t_{1\_j1}^{A_N} & \cdots & t_{1\_j1} & 1 \\ t_{1\_j2}^{A_N} & \cdots & t_{1\_j2} & 1 \\ \vdots & & \vdots & \vdots \\ t_{1\_jL}^{A_N} & \cdots & t_{1\_jL} & 1 \end{bmatrix}$，$Y = [T_1, T_2, \cdots, T_L]^{\mathrm{T}}$，

若 $X^{\mathrm{T}}X = W$，且 $|W| \neq 0$，则可以用最小二乘方法计算出模型参数 A，

$$
A = (X^{\mathrm{T}}X)^{-1} X^{\mathrm{T}}Y = W^{-1} X^{\mathrm{T}}Y
\tag{5-31}
$$

从而获得多项式拟合方程：

$$
a_0 + a_1 t_{1\_ji} + a_2 t_{1\_ji}^2 + \cdots + a_{A_N} t_{1\_ji}^{A_N} = T_i
\tag{5-32}
$$

若子节点在 $N \times T_{\mathrm{per}}$ 周期内无法收到汇聚节点的标准时间实现同步，则子节点采用分段拟合进行自校准，基本过程为：子节点将调整本地时钟前的时间作为 $t_{2\_j(i+1)}$，先用最佳线性拟合可获得 $t_{1\_j(i+1)}$，进而用多项式拟合估算出此时的标准时间 T_{i+1}，最后用公式（5-27）实现子节点时钟的同步校准。

5.6.3　异常数据处理

异常数据将会极大影响分段拟合的准确性，为此，使用线性外推法来剔除

异常数据点对拟合曲线的影响，该方法的基本思想是认为正常的数据是"平滑"的，而奇异点是"突变"的。它计算时间标记 t_{2_ji} 样本方差的更新值：

$$\sigma^2(i) = \overline{t_{2\_ji}^2} - \left[\overline{t_{2\_ji}}\right]^2 \tag{5-33}$$

其中 $\left[\overline{t_{2\_ji}}\right]^2$ 是先对数据作平滑后再平方得到的值，$\overline{t_{2\_ji}^2}$ 是先对数据取平方后再作平滑而得到的值。开平方后可得到标准差 $\sigma(i)$。

在分段拟合前，检查下一数据点 $t_{2\_j(i+1)}$ 是否为奇异点，如果

$$\overline{t_{2\_ji}} - n_q\sigma(i) < t_{2\_j(i+1)} < \overline{t_{2\_ji}} + n_q\sigma(i) \tag{5-34}$$

则认为 $t_{2\_j(i+1)}$ 是可以接受的。n_q 是根据样本情况设定的适当数值，且 $3 < n_q < 9$。如果 $t_{2\_j(i+1)}$ 被认为是奇异点，则可以用 $\hat{t}_{2\_j(i+1)}$ 来代替，即

$$\hat{t}_{2\_j(i+1)} = 2t_{2\_ji} - \hat{t}_{2\_j(i-1)} \tag{5-35}$$

5.6.4 网络化传感信息实时动态预测补偿

传感节点通过网络将检测信息发送至中心节点（控制中心），由于网络时延将导致系统除了正常采取信息外还将出现空采样和多采样的情况，如图 5-10 所示。在图中，t_0 时刻为网络时延后的正常采样，t_1，t_3 时刻存在空采样，在 t_2，t_4 时刻存在多采样，甚至由于网络传输的原因出现先采集的信息后到的现象。为了满足传感监测系统的时间特性要求，通常需要对网络化传感信号进行实时动态预测补偿，通过预测来改善传感采样信号的延迟与对失问题。

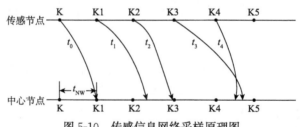

图 5-10　传感信息网络采样原理图

传感网络经过一个时间周期就会进行一次时间同步，通过时间同步，一可以是整个系统有一个统一的时间基准，二可以获得网络的传输延迟 t_{NW}。在一个同步周期内，可认为网络传输延迟基本相同，这样根据图 5-10 所示的中心节点网络采样原理，则可以对正常采样利用图 5-2 所示的动态预测模型进行一步预测，空采样则采用 5.5 节滚动混合预测思想进行多步预测补偿。通过该预测方法既可以提高系统的实时响应能力，还可以消除传感信息在网络传输的过程中的各种噪声干扰[111,112]。

5.7　动态预测补偿方法性能分析

本章实验选用二阶传感器，进行基于小波计算的传感信息动态预测补偿方法的性能仿真分析。设二阶传感器动态特性方程的传递函数为

$$H(s) = \frac{\omega_0^2}{s^2 + 2\xi_0 \omega_0 s + \omega_0^2} \tag{5-36}$$

式中 ω_0 为 3π rad/s，阻尼比 ξ_0 为 0.3。那么利用公式：

$$t_s = \frac{4.5}{\omega_0 \xi_0} \tag{5-37}$$

可计算出该传感器的响应时间约为 1.59s，若设传感信息采样间隔为 0.5s，则传感器的延迟时间参数 $\tau = 3$，即进行 3 步预测。

5.7.1　小波计算结果分析

二阶传感器原始输出信号如图 5-11 所示，仿真计算得到传感信息的基本尺度特征为 4，并选用 harr 小波对传感器输出信号进行小波分解。每一层的在线小波分解结果如图 5-12 所示，其中 a4 为经过 4 层分解后获得的平滑层信息，d4，d3，d2，d1 为经过 4 层分解后获得的各分辨层信息。小波快速计算算法进行一次滑动窗口内的信息分解的运行时间为 54.3ms，具有良好的计算实时性。

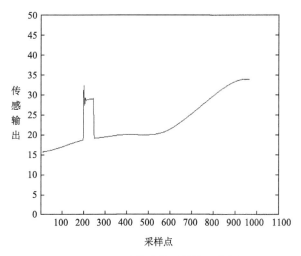

图 5-11　二阶传感器原始输出信号

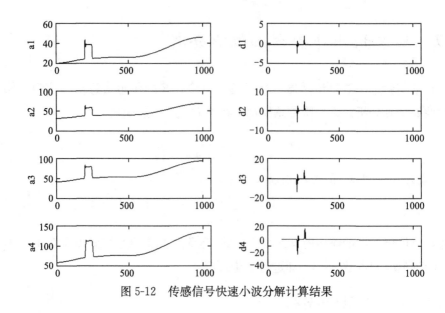

图 5-12 传感信号快速小波分解计算结果

5.7.2 动态预测补偿性能

对平滑层信息 a4 选用窗口大小 K＝5 的二阶多项式模型进行预测，并对各分辨层信息 d4，d3，d2，d1 选用 AR（3）模型并行 Kalman 递推估计算法进行预测，各层信息的动态预测结果如图 5-13 所示，根据各层信息的动态预测结果

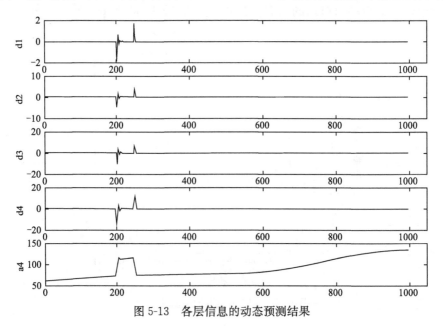

图 5-13 各层信息的动态预测结果

进行重构,可得到传感信息预测补偿值。传感信息的最终预测补偿结果与原始信号的对比如图 5-14 所示。基于小波计算的传感信息动态预测算法进行一次预测补偿的总运行时间为 127.0ms,具有良好的计算实时性。

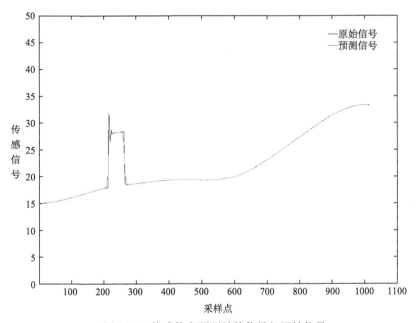

图 5-14　传感信息预测补偿信号与原始信号

从图 5-13 和图 5-14 的预测结果可以看出:

(1) 从图 5-12,传感信息分解后的各分辨层信息可以清晰地看出在采样点 200 和 250 附近处存在信息突变,利用基于双 Kalman 递推的 AR 模型进行预测后,在分辨层的突变信息得到了一定的抑制(图 5-13)。

(2) 选用窗口大小为 5 的二阶多项式,运行基于滑动窗口的多项式模型算法可进行突变信号的准确预测,较好地解决多项式预测算法在突变信号多步预测中的过预测问题。

(3) 通过对平滑层、各分辨层信息分别采用多项式模型、AR 模型进行动态预测,可使传感器系统对突变信号的响应更快。基于小波计算的传感信息动态预测的最大预测补偿误差出现在突变信号处,而在其他非突变信号区域,最大预测误差为 0.538%,具有良好预测准确度。

5.7.3　滚动混合式多步预测补偿性能

本小节目的主要是为讨论滚动混合式多步预测的性能,进一步验证基于小波计算的传感信息动态预测方法适用性。

将式（5-36）中的 ω_0 设为 3π rad/s，阻尼比 ξ_0 为 0.15，则利用公式（5-37）可计算出该传感器的响应时间约为 3.18s，仍设传感信息采样间隔为 0.5s，则传感器的延迟时间参数 $\tau=6$，即进行 6 步预测。由于预测步长较大，这时利用滚动混合式多步预测方法进行预测。

滚动混合式多步预测的结果如图 5-15（a）所示，其预测误差曲线如图 5-15（b）所示，最大预测误差为 0.726%，且出现在 0 值附近。由此可知根据滚动修正的思路，进行多步预测的时序模型具有较高的准确度。

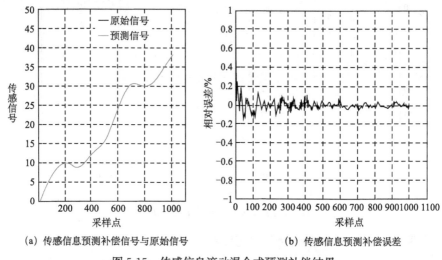

(a) 传感信息预测补偿信号与原始信号   (b) 传感信息预测补偿误差

图 5-15   传感信息滚动混合式预测补偿结果

5.7.4   基于时间同步的网络传感信息预测实验与仿真

1. 时间同步实验

以室内微环境监测为对象，开展实验研究。本试验采用 6 个节点，节点编号为 nd1~nd6，实验在一个 25 米×36 米的会议室内开展，选择节点 nd6 作为汇聚节点，其他节点与中心节点的距离为 10~15m，组成一个时间同步试验系统开展单跳时间同步测试，如图 5-16 所示。监测节点监测后，把检测数据、当前时间发送到监测平台。节点处理器采用 TI 的 CC2530F256 射频芯片，该芯片支持算法在 MAC 层打时间标记，并选用 32MHz 石英晶振作为节点的振荡时钟源。并设置中心节点 nd6 的系统监测周期 T_{per} 为 1s，在奇异值判定时，根据实际情况，选择 n_q 为 6。

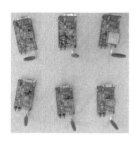
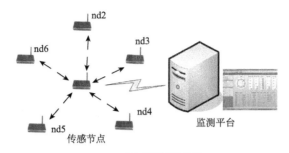

(1) 传感节点　　　　　　　　　　(2) 监测系统框架

图 5-16　监测系统框架与传感节点

为了查看网络中各节点的同步精度，设同步周期为 5s，同步误差的监测测试时间为 10000s，由于本书篇幅有限，选取节点 nd2，nd5，其中节点 nd1 每个同步周期都能够实现同步，则采用公式（5-27）进行。nd5 则模拟错过时间同步机会的节点，每隔一个周期才能利用通信机会使用公式（5-27）进行同步，在无法收到同步时间的周期内，则用分段拟合方法进行同步校准。图 5-17、图 5-18 分别为节点 nd2，nd5 的同步误差曲线。

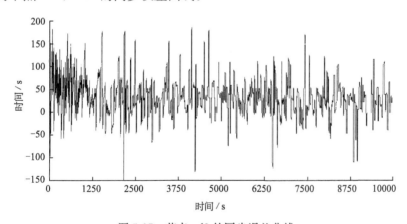

图 5-17　节点 nd2 的同步误差曲线

图 5-17 中，节点 nd2 的同步误差均值为 $29.03\mu s$，方差为 493.56；图 5-18 中，nd5 的同步误差均值为 $29.98\mu s$，方差为 321.63；节点的误差相差不大，都在 $30\mu s$ 内，具有较好的同步精度，但节点 nd5 的方差小数据波动小，这是因为 nd5 在无法实时同步时，采用前次时间标记进行分段拟合校准，其数据变化相对平滑。

设置不同的 N 值，逐步增大所有节点同步周期，考察节点的同步误差情况。表 5-2 为 nd5 在不同同步周期下的误差均值。由表 5-2 可知，当 N 设置为 15，

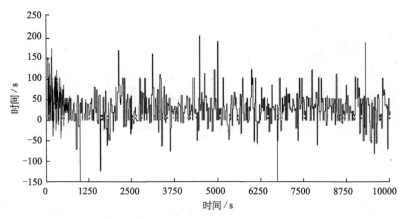

图 5-18　节点 nd5 的同步误差曲线

即每隔 15s 同步一次，nd5 的同步误差均值仍然可为 $59.72\mu s$，仍然能够保持较高的同步精度。但 $N>20$ 时，其同步误差增加明显。

表 5-2　不同同步周期下节点 nd5 的同步误差

N 值	同步周期/s	平均同步误差/μs
5	5	29.98
10	10	38.26
15	15	59.72
20	20	97.43

2. 网络传感信息动态预测分析

由于实验网络距离的限制，将利用虚拟仪器 LabVIEW 的仿真方法来进行传感信息动态预测分析。

采用文献 [98] 方法，搭建了基于 LabVEIW 的仿真平台，设仿真平台高、低优先级数据到达率、服务率分别为 $\lambda_F=10$，$\lambda_S=95$，$\mu_F=200$，$\mu_S=100$，采用排队模型和自适应包丢弃拥塞控制策略进行通信分析，过载拥塞容忍丢包策略为：排队数据 n 到达队列阈值 n_0 或 n_1 时，以一定概率 p 动态丢弃数据，这是一种不得以的策略。图 5-19 为传感数据网络时延比较图，在无拥塞丢包的情况下，网络的平均时延为 $206.67ms$。

若传感器采样频率为 1 秒钟 5 次，根据网络延迟数据，则中心节点网络数据正常采样时只需要一次预测就可，空采样则需要多步预测。若要多步预测，则采用滚动混合式修正预测思想，将一次 m 步预测，分解为若干次单步预测，并

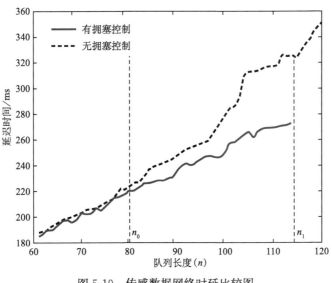

图 5-19　传感数据网络时延比较图

利用前一次预测得到的数据实现后一次预测模型参数的重新估计，如此滚动、修正预测模型参数，直至完成所有的预测。

在传感节点中输入图 5-20 所示的含有噪声的传感信号，经过网络传输后，在中心节点对网络传感信号进行预测补偿，为了验证预测效果，前 10s 正常，后 200s 为 2 次空采样，中间 200s 为 1 次空采样，最好时间为传感网络正常采样。

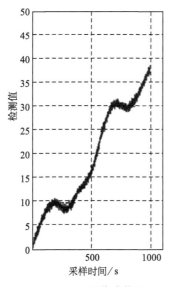

图 5-20　含噪传感信号

此传感信息的基本尺度特征为 4，为了降低边界效应，选用 harr 小波对传感采样信号进行 4 层分解，去噪。对去噪后的细节信息选用 AR(3) 模型利用 RKRP 算法进行预测。对平滑信息选用窗口大小 K 为 10 的二阶多项式进行预测。

消噪后传感信息的重构信号与含噪传感信号的对比如图 5-21（a）所示，消噪后的最大均方根误差为 0.01789，达到了良好的去噪效果。预测补偿算法进行一次滑动窗口内的信息分解与去噪的运行时间为 10.7ms，具有良好的计算实时性。

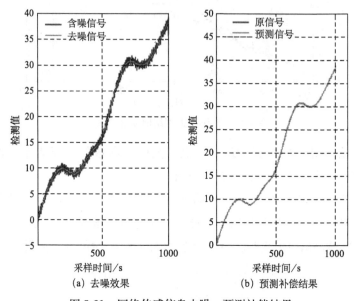

图 5-21 网络传感信息去噪、预测补偿结果

中心节点传感信息预测补偿结果如图 5-21(b)所示，从图中可以看出 1，2，3 步预测补偿的信号和传感器原始信号基本吻合，其预测补偿误差与原始信号相比最大的相对误差为 0.52%，且较大的相对误差仅出现在 0 值、2 次空采样附近，预测补偿算法具有较好的预测准确度，且进行一次预测补偿的总运行时间为 17.08ms，具有良好实时性，可实现对延迟及空采样的预测补偿。

5.8 本章小结

（1）提出一种提高传感动态性能的基于小波计算的传感信息动态预测模型。模型由多分辨近似树原理，利用 à trous 算法进行在线小波分解计算，借助小波分析的低通滤波效应，有效抑制噪声干扰，应用基于滑动窗口的多项式预测算法 SWPM 和基于 AR 预测模型的并行 Kalman 递推估计算法 REPK 算法，分别对平滑层、分辨层信息进行动态预测，有效地利用各分解层信息特点，提高传感系统的动态性能。

（2）系统研究 REPK 的实现算法。REPK 算法使用两个 Kalman 滤波器，交替进行 AR 模型参数的递推辨识与时变数据中真实信号的最优估计，能根据测量数据的最新分辨信息 $d_{j,t}$ 实时修正 AR 模型参数进行预测，具有良好的计算一致性和收敛性，可推广应用到其他平稳时间序列信号的预测估计中。

（3）针对长延迟传感信息预测时，直接多步预测存在间隔时间过长，参与预测信息不能实时反映检测信息变化的缺点，提出滚动混合式预测算法。算法主要思想将一次长时间预测，分解为若干次直接多步预测，由实测数据开始，用前一次预测得到的数据实现后一次预测模型参数的滚动修正，使得最终预测信息是由实测数据滚动修正预测获得的，降低预测误差。

（4）从传感网络的时间同步机制入手，通过时间同步建立一个统一的时空，然后研究通过预测的方法，改善由于网络不确定性造成的传感器信号采样延时问题，采用基于小波多尺度的预测补偿模型，可实现网络传感信息正常采样、空采样的预测补偿。针对传感网络时间同步，提出一种基于分段拟合的 WSN 自动校准时间同步算法，算法可在有同步通信机会情况下，采用修改的 DMTS 算法开展时间同步，无同步通信情况下，节点在排除异常数据的基础上，采用分段拟合方法来实现传感节点时间的自校准。

第6章 网络化多层次协同传感技术

当前网络化智能传感的任务趋于多样化、立体化，目标环境越来越复杂，观测范围要求越来越广，这往往使得网络化测控系统结构变的复杂，即它可能是一个多层次的复杂系统，由系统级、部件级、元件级等层次组成，同一层次的不同子系统之间在很多方面的差异较大，但系统的最终输出结果是各个子系统协同的作用，同时每个子系统又是各个子系统协同的结果，因此研究系统的协同机制是一个关键的内容。协同问题的本质是为系统完成共同的任务提供一套机制或者一个公共的平台，使系统的每个部分在它的协调下更有效地工作。在这章将介绍网络化测控系统的多层次协同技术，包括感知信号层信息融合和协同检测业务流调度方法，以及高层的协同机制。

6.1 感知信号层多传感融合技术

数据融合属于低层次的多传感协同技术，随着网络化测控系统越来越复杂，往往在感知数据信号层就已经部署了很多的传感器，工程人员会在数据信号层先对传感信息进行处理，比如进行多传感信息融合，通过数据融合技术能够充分发挥各个传感器的特点，利用其互补性、冗余性，提高测量信息的准确度和可靠性，延长系统的使用寿命，同时通过数据融合也可减少传输层的数据传输量。在数据信号层，传感信息的融合方法主要有基于人工智能的融合方法、基于多尺度的融合方法、基于数理统计的融合方法等。

基于人工智能的神经网络融合方法非线性映射和泛化能力强，但其适用性不理想，模糊逻辑融合法则需要建立标准检测目标和待识别检测目标的模糊子集，同时还需建立合适的隶属函数，而隶属函数的确定没有规范的方法，导致检测误差较大。基于多尺度的融合方法可以实现不同采样速率下多传感信息的融合，以目标跟踪、目标状态估计等为背景，Willsky A S，Hong L，潘泉、文成林等在基于多尺度的多传感信息融合方面开展了深入研究，丰富了多传感信息融合理论[29-32]，基于多尺度的融合方法从传感器的动态系统方程（状态方程和观测方程）出发，利用多尺度方法进行多分辨分析，然后在某一尺度上进行传感信息的融合估计，它可以实现最优的、有效的融合估计，但其计算过程还比较复杂。基于数理统计的融合方法通常以置信距离、相似度、方差等进行多传感器数据融合的加权参数计算，并以此为基础对传感信息进行融合，它具有良好的通用性和计算实时性。

　　基于数理统计的融合方法的原理如图 6-1 所示，该方法关键的是要确定出各传感器测量数据之间的最优融合权重。在应用中可分别使用传感器可靠性、一致性统计等参数对融合权值进行计算并实现对传感信息的融合，除此外有时还需要全面考虑传感器自身的可信度、相互间的支持程度以及环境干扰程度的影响。为此，下面将介绍一种基于一致性和可靠性测度的多传感信息融合方法。

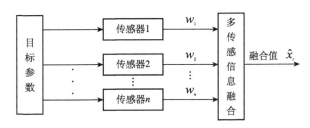

图 6-1　基于数理统计融合的原理图

6.1.1　传感信息的一致性测度

　　设由 l 个同类传感器组成的传感系统，分别对某一个研究对象进行测量，可以获得观测值：$z_i(k) = x + v_i(k)$，$i = 1, \cdots, l$。式中，x 为测量目标，$v_i(k)$ 为 k 时刻的观测噪声，且 $E(v_i)$ 和 $D(v_i)$ 均未知。如果 $z_i(k)$ 和 $z_j(k)$ 相差较大，则表明这两个传感器的相互支持度低，一致性差，甚至相互背离；如果 $z_i(k)$ 和 $z_j(k)$ 很接近，则表示这两个传感器的相互支持度高，一致性好。为了量化各传感器在某一时刻观测值的相互支持度，采用模糊数学中最大最小贴近度来度量，并构造贴近度矩阵。给出如下定义。

　　定义 1　k 时刻传感器 i 和传感器 j 观测贴近度为
$$d_{ij}(k) = d_{ji}(k) = \min\{x_i(k), x_j(k)\} / \max\{x_i(k), x_j(k)\} \tag{6-1}$$
据此，可定义 k 时刻传感器间的支持度矩阵 $SD(k)$

$$SD(k) = \begin{bmatrix} 1 & d_{12}(k) & \cdots & d_{1l}(k) \\ d_{21}(k) & 1 & \cdots & d_{2l}(k) \\ \vdots & \vdots & & \vdots \\ d_{l1}(k) & d_{l2}(k) & \cdots & 1 \end{bmatrix} \tag{6-2}$$

定义 2 由定义 1，可以知道 k 时刻传感器 i 与其他传感器的一致性测度为

$$r_i(k) = \sum_{i=1}^{l} d_{ij}(k)/l \tag{6-3}$$

由定义 2 可知，当 $r_i(k)$ 接近 1 时，表明 k 时刻传感器 i 与其他传感器的观测值保持一致，反之，则表明第 i 个传感器的观测值偏离多数传感器的观测值。

从时空分析的角度讲，一致性测度是针对多传感器在某一个时刻采样结果的空间分析；而时间分析是针对一个传感器多次采样结果的分析，它表征了传感器测量可靠性。以单个传感器为研究对象，则测量方差是传感器内部噪声与环境干扰的一种综合属性，这个属性始终存在于测量的全过程，它表征了传感器测量的可靠性，因此，可以将传感器历次采样的方差作为传感器可靠性的测度。

6.1.2 基于变窗的方差递推估计方法

根据各传感器的观测值 z_i，可得 l 个传感器的测量均值为

$$\bar{z} = \frac{1}{l} \sum_{i=1}^{l} z_i \tag{6-4}$$

假定 $\bar{z}$ 为 x 的无偏估计。则第 i 个传感器测量方差估计为

$$E(z_i - \bar{z}) = 0 \tag{6-5}$$

$$\sigma_i'^2 = D(z_i - \bar{z}) = D\left(z_i - \frac{1}{l}\sum_{k=1}^{l} z_k\right) = \frac{(l-1)^2}{l^2}\sigma_i^2 + \frac{1}{l^2}\sum_{\substack{k=1\\k\neq i}}^{l}\sigma_k^2, \quad i = 1, 2, \cdots, l$$

$$\tag{6-6}$$

式中 $\sigma_i'^2$ 代表第 i 个传感器测量值与 l 个传感器测量均值的方差，它给出了 $\sigma_i'^2$ 与其他各传感器方差 σ_k^2 的关系。对 $\sigma_i'^2$ 求和，有

$$\sum_{i=1}^{l} \sigma_i'^2 = \frac{l-1}{l} \sum_{i=1}^{l} \sigma_i^2 \tag{6-7}$$

综合式 (6-6) 和式 (6-7)，可得第 i 个传感器的方差为

$$\sigma_i^2 = \frac{l}{l-2}\left[\sigma_i'^2 - \frac{1}{l(l-1)}\sum_{k=1}^{l}\sigma_k'^2\right] \tag{6-8}$$

假定 l 个传感器对待测参数进行了 N 次测量，第 i 个传感器第 j 次测量记为 z_{ij}，

偏差为 v_{ij}，则由式（6-4）和式（6-6），可得 $\sigma_{ij}^{'2}$ 的估计为

$$\hat{\sigma}_{ij}^{'2} = \frac{1}{N}\sum_{j=1}^{N}(z_{ij}-\bar{z}_i)^2 = \frac{1}{N}\sum_{j=1}^{N}\left(z_{ij}-\frac{1}{l}\sum_{k=1}^{l}z_{kj}\right)^2 \tag{6-9}$$

为了便于实时计算第 i 个传感器第 j 次测量的 $\hat{\sigma}_{ij}^{'2}$，将式（6-9）写成如下递推形式[113-115]：

$$\hat{\sigma}_{ij}^{'2} = \begin{cases} 0, & j = 0 \\ \frac{1}{j}\left[(j-1)\hat{\sigma}_{i(j-1)}^{'2} + \left(z_{ij}-\frac{1}{l}\sum_{k=1}^{l}z_{kj}\right)^2\right], & j = 1, 2, \cdots, N \end{cases} \tag{6-10}$$

根据式（6-8），可以得到第 i 个传感器第 j 次测量时的方差 σ_i^2 估计为

$$\hat{\sigma}_i^2 = \frac{l}{l-2}\left[\hat{\sigma}_{ij}^{'2} - \frac{1}{l(l-1)}\sum_{k=1}^{l}\hat{\sigma}_{kj}^{'2}\right] \tag{6-11}$$

为了保证方差估计的严正性，将（6-11）修正为

$$\hat{\sigma}_i^2 = \frac{l}{l-2}\left|\left[\hat{\sigma}_{ij}^{'2} - \frac{1}{l(l-1)}\sum_{k=1}^{l}\hat{\sigma}_{kj}^{'2}\right]\right| \tag{6-12}$$

从上述方差估计的过程可以看出，随着采样次数 N 的增加，$\hat{\sigma}_{ij}^{'2}$ 的估计准确度将越来越高，相应的传感器方差 $\hat{\sigma}_i^2$ 也将越来越准确。但是 N 也不能太大，太大将不能反映传感器系统参数、噪声特征的变化。通常的做法是采用加窗的方法来递推估计方差：

$$\hat{\sigma}_{ij}^{'2} = \begin{cases} 0, & j = 0 \\ \frac{1}{j}\left[(j-1)\hat{\sigma}_{i(j-1)}^{'2} + \left(z_{ij}-\frac{1}{l}\sum_{k=1}^{l}z_{kj}\right)^2\right], & 1 \leqslant j \leqslant N \\ \hat{\sigma}_{i(j-1)}^{'2} + \frac{1}{N}\left[\left(z_{ij}-\frac{1}{l}\sum_{k=1}^{l}z_{kj}\right)^2 - \left(z_{i(j-N)}-\frac{1}{l}\sum_{k=1}^{l}z_{k(j-N)}\right)^2\right], & j > N \end{cases}$$

$$\tag{6-13}$$

当采样次数小于等于 N 时，采用式（6-13）中前 2 个公式进行方差计算，当采样次数大于 N 时，也即窗口中数据恒等于 N 时，这时每获得一个新的测量数据，则移动一下窗口，最旧的数据 $z_{i(j-N)}$ 从窗口内移出，方差的计算用式（6-13）中的第 3 个公式计算。窗口 N 的大小将影响方差的计算准确度。如果传感器系统参数、噪声特征的变化通常较快，窗口应该设计小些。

6.1.3　基于变窗一致可靠性测度的多传感信息融合

设由 l 个同类传感器，分别对某一研究对象进行测量，可以获得观测方程为

$$Z = Hx + v \tag{6-14}$$

式中，x 为测量目标（待估计参数），Z 为 l 维测量向量，v 为 l 维观测噪声向量，H 为 l 维常向量 $H=\begin{bmatrix} 1 & 1 & \cdots & 1 \end{bmatrix}^{\mathrm{T}}$。则参数 x 的最小二乘估计为

$$\hat{x} = \sum_{i=1}^{l} w_i z_i \Big/ \sum_{i=1}^{l} w_i = \sum_{i=1}^{l} W_i z_i \tag{6-15}$$

$$w_i = \frac{1}{\sigma_i^2}, \quad W_i = w_i \Big/ \sum_{i=1}^{l} w_i, \quad i=1,2,\cdots,l \tag{6-16}$$

从式（6-15）和式（6-16）可知，多个传感器的融合精度明显要高于单个传感器的检测准确度，且其权值是由传感器的方差动态分配的。

根据基于变窗的方差递推估计方法，计算出第 j 次测量时各传感器的方差 $\hat{\sigma}_i^2$ 后，就可以计算出在第 j 次测量时的各传感信息的融合加权系数

$$W_i = \frac{1}{\hat{\sigma}_i^2} \Big/ \sum_{i=1}^{l} \frac{1}{\hat{\sigma}_i^2} \tag{6-17}$$

该加权系数只体现了传感器的可靠性特征。为了体现各传感信息相互之间的支持程度，定义如下的一致可靠性测度：

$$w_{ij}^{sd,\sigma} = \frac{r_i(j)}{\hat{\sigma}_i^2} \tag{6-18}$$

从而得到修正的多传感器信息融合加权系数

$$W_i = w_{ij}^{sd,\sigma} \Big/ \sum_{i=1}^{l} w_{ij}^{sd,\sigma} = \frac{r_i(j)}{\hat{\sigma}_i^2} \Big/ \sum_{i=1}^{l} \frac{r_i(j)}{\hat{\sigma}_i^2} \tag{6-19}$$

从上式可知，多传感信息融合时的加权系数 W_i 与传感器的方差成反比，与传感器的一致性测度成正比。

综合以上分析，基于变窗—致可靠性测度的多传感器融合算法的运算流程如下：

（1）根据判断传感信息是否存在突变，以此确定方差计算窗口 N 的长度；如果存在信号突变，则根据信号特征设 $N=N_0$，设置过渡期计数 p 为 1，过渡期大小为 $2\times N_0$；如果不存在突变信号，则将 N 设为 $5\times N_0$，过渡期计数 p 清 0。

（2）用公式（6-1）计算贴近度 $d_{ij}(k)$。

（3）用公式（6-3）计算一致性测度 $r_i(j)$。

（4）根据公式（6-13）计算此时传感器的方差 $\hat{\sigma}_{ij}^{'2}$。

（5）根据公式（6-12）计算此时传感器的方差 $\hat{\sigma}_i^2$。

（6）根据公式（6-19）计算此时传感器的加权系数 W_i。

（7）根据公式（6-15）进行多传感信息融合。

6.1.4 多传感信息融合计算仿真

设数据信号层节点为了提高检测的准确性和可靠性，采用 3 个同质温度传

感器对测量目标 x_1 进行测量，这 3 个传感器一般来说会具有不同内部噪声方差特征，实验时设置采样点为 2050，同时为了考察基于变窗融合方法有效性，给出一个突变信号，其测量曲线 f_{1-1}，f_{1-2}，f_{1-3} 如图 6-2 所示。在实际传感检测的方差计算中，传感检测目标的真实值并不可知，因此，在方差计算中，用各传感器检测的均值代替其真实值进行计算。对各传感信息检测结果进行方差计算，可得到多传感信息融合时各传感器的方差如图 6-3 所示。同时，计算出 x_1解耦后的一致性测度，并根据基于变窗一致可靠性测度进行多传感信息融合，得到融合后的方差曲线，如图 6-2 所示，其最大方差为 0.0042672。

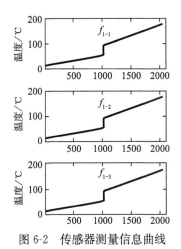

图 6-2　传感器测量信息曲线

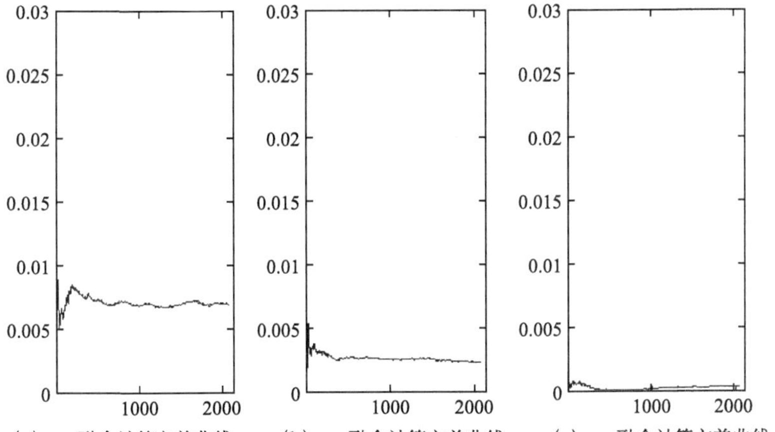

(a) x_{1-1}融合计算方差曲线　　(b) x_{1-2}融合计算方差曲线　　(c) x_{1-3}融合计算方差曲线

图 6-3　测量目标 x_1 融合计算时各传感器的方差曲线

在图 6-4 中，图（a）为采用平均加权融合方法得到测量目标 x_1 的融合方差曲线，其最大方差为 0.01232；图（b）为采用基于最小方差标量加权融合方差得到测量目标 x_1 的融合方差曲线，其最大方差为 0.01229；图（d）为对各传感信息进行多尺度分析去噪后，最后采用基于一致可靠性测度的融合方法进行融合得到的方差曲线，其最大方差为 0.00233，相较图（c），其误差得到明显提高，证明了在融合前进行传感信息去噪，有时是需要的。

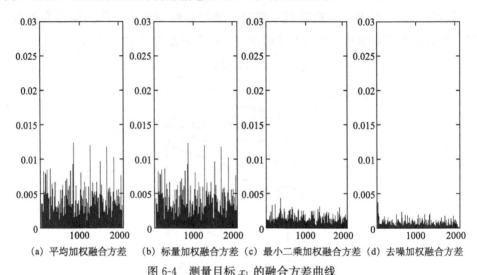

(a) 平均加权融合方差　(b) 标量加权融合方差　(c) 最小二乘加权融合方差　(d) 去噪加权融合方差

图 6-4　测量目标 x_1 的融合方差曲线

表 6-1 为传感信息 x_1 的融合值的最大绝对误差和最大相对误差表。从表中可以看出，融合方法可以大大提高传感检测的准确度，其中标量加权融合方法比平均加权融合方法的性能略好，而基于变窗一致可靠性测度的融合方法的性能最好。采用基于一致可靠性测度的融合方法所得融合值的绝对值误差和相对误差，比任何单个传感器的绝对值误差和相对误差都要小，也即融合值的准确度比任何一个传感器的检测准确度都高，与单个传感器相比检测准确度最大提高约 3.16 倍，且它与平均加权融合估计值相比，准确度也提高了近 1.07 倍，获得了满意的融合效果。

表 6-1　多传感信息融合误差

误差	传感器 1 的检测值 x_1	传感器 2 的检测值 x_1	传感器 3 的检测值 x_1	平均加权融合值 x_1	标量加权融合值 x_1	一致可靠性融合值 x_1	去噪融合值 x_1
绝对误差	0.29625	0.14643	0.072125	0.111	0.110	0.065324	0.03567
相对误差	10.092	5.0155	2.4963	5.0075	5.0011	2.4243	1.3786

6.2　感知层协同检测业务流调度方法

自从物联网概念提出以来，物联网理论与技术应用成为国内外研究热点[116]，其中物联网感知层是物联网感知检测的基础底层，往往存在感知检测终端多样性、异构性、复杂性等问题，涉及的关键技术很多，比如传感检测节点设计技术、节点接入通信技术、传感器网络体系结构、多传感协同感知技术等[117-119]。物联网中的感知任务，往往是由众多的传感器通过协同检测来实现对感知对象的综合评价，除了要实现多传感信息融合，在这个过程中还要解决信息获取与控制过程带来一系列不确定问题，需要开展系统业务流调度优化方面的研究，以保障物联网感知层协同有序、可靠运行。

物联网业务调度是一种优化排序问题，即在感知终端多样复杂性、感知任务时间约束、系统资源有限性等方面约束下，基于给定的协同检测任务，物联网系统按时间先后顺序，将有限的计算、存储、通信等资源分配给不同工作业务，以满足某些指定的性能指标。目前用于物联网系统业务调度问题的算法可分先进先出调度算法（First Input First Out，FIFO）、轮询调度算法（Round Robin，RR）、加权轮询调度算法（Weighted Round Robin，WRR）以及加权公平排队调度算法（Weighted Fair Queuing，WFQ）等[120-124]。针对不同的应用需求，这些调度方法在算法的复杂性、公平性、时延、适用性等方面各有优长。对于很多的物联网应用系统而言，能够实现复杂协同感知任务实时数据的快速调度是一种常见需求[125]。WRR 调度方法具有简单实用、效率高、良好的公平性等特点，为此本章将在加权循环 WRR 算法的基础上，研究一种物联网底层协同检测业务流的快速调度方法。

6.2.1　WRR 调度算法

加权轮询调度 WRR 算法对数据包进行分类。可以按照数据包中的源 IP 地址、目的 IP 地址、源端口号、目的端口号、协议号、IP 优先级等进行分类。然后放到不同权值的队列中。假如有 4 个队列，权值分别为：4，3，2，1。根据自己定义的规则对数据包进行分类，分别放到这 4 个队列中，然后调度程序就会轮询调度这 4 个队列，当然调度的时间或者调度数据包的量与队列的权值是成正比的。也就是说调度过程中四个队列调度的流速比例为 4∶3∶2∶1。如图 6-5所示。

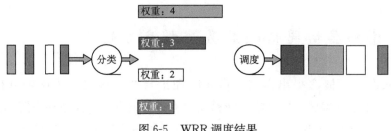

图 6-5　WRR 调度结果

6.2.2　WRR 算法总体设计

WRR 要实现的功能是为每种流量分配的带宽进行规划，针对的是带宽的比例，而不是针对的带宽的大小。而且，WRR 是对每种流量的轮流发送，虽然每次轮询每种流量的数据发送的数量不同，但是对于每种流量，被"访问"的频率是一样的。

所以这里，算法设计时首先要像 RR 算法那样，为每种流量分配一个队列，属于这个类的流量，进入这个队列。这是入队的方式。

在移除队列的地方，同样需要为 WRR 设计算法。这是 WRR 的精髓之处。WRR 队列规则在入队、分类等方面可以和 prio，RR 等队列规则完全相同，或者由于应用需求做相应的改动。这些都不重要，但 WRR 关键之处在于，对已经入队的数据包，要进行按照权重取出数据的轮询。

为了弥补 WRR 对于数据包大小位置而产生的流量分配不公平这一缺陷，WRR 可使用每次发送的数据长度来作为权重，而不是数据包数量。

综上，WRR 的入队方式和出队方式，图 6-6 简要描述。

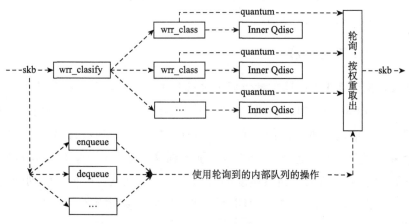

图 6-6　WRR 基本结构

6.2.3　WRR 的优点与缺陷

WRR 是针对 PQ 和 RR 调度算法的不足提出的，它支持不同的带宽需求，可以为不同的队列分配不同比例的输出带宽。在 WRR 算法中，分组首先被分成不同的服务等级（如实时业务、交互信息、文件传输等），然后被分配到与之相应的队列，对每一个队列采用轮询服务，因此在一个轮询周期中每一个队列至少有一个分组被传送，所以避免了绝对的优先级排队策略中低优先级队列可能出现的队列"饥饿"现象。WRR 算法还可以通过为那些对延迟和延迟抖动要求高的数据流分配较大的权重，使其占有较多的输出带宽，从而减小延迟和延迟抖动，这样可以为对延迟敏感的应用提供良好的 QoS（Quality of Service，服务质量）保证。

WRR 算法具有以下优点：

（1）WRR 算法可以通过硬件实现。

（2）WRR 通过为不同的业务流分配不同的输出带宽，实现对每个服务等级输出带宽的粗略控制。

（3）WRR 在一个轮询周期中每一个队列至少有一个分组被传送，从而避免队列"饥饿"现象。

（4）WRR 通过为对 QoS 指标要求高的流分配较大的权值，可以减小此业务流的延迟和延迟抖动。

（5）当有剩余带宽时，各业务流可以按权值分配剩余带宽，从而提高链路利用率。

WRR 算法最主要的不足在于：只有当分组尺寸一样时，这种算法才能为每个服务等级提供准确的带宽分配比例，如果一个服务等级业务的分组尺寸大于另一个等级，它将会占用比预定值更多的输出带宽。在队列调度算法中，为照顾公平性和效率，WRR 是常用的队列调度算法，它也是 IETF 推荐的调度算法。采用 WRR 队列调度算法，为了保证业务的时延，对不同的队列设置不同的权值和缓冲，以减小高优先级业务的时延。另外，WRR 算法在保证实时数据的低时延和低抖动性的要求上有所欠缺[124]。

在设计的 WRR 算法中，为弥补这一缺陷。数据包从队列中取出的时候，可按照数据包的长度而不是数据包的数目来分配权重流量。如果这一次轮询的流量不足以取出一个数据包，就把权重累加。

6.2.4　WRR 的设计与实现

1. WRR 算法结构体

按照图 6-6 所示，整个 WRR 模块可以分为入队和出队两大部分，可以分类处理以下实体[127]：

wrr_clasify 用于把数据包分类。

wrr_class 这是 wrr_clasify 的分类结果返回的结构体。wrr 私有数据中包含两个这类列表，一个是所有的类的列表，另一个是正在工作也就是有数据包的类的列表。wrr_clasify 从有数据包的列表中选出一个并返回。

Inner Qdisc 这是每个分类的内部队列，默认情况是 pfofi_fast，但是可以通过 wrr_graft 来挂载别的队列。

enqueue, dequeue, … 这是 wrr 提供给外部使用的接口，外部通过Qdisc_ops结构体中的函数指针来调用这些操作函数。而这些函数的内部实现，其实是通过操作对应的类的内部队列的操作函数来完成的。enqueue 函数是调用分类以后的类的内部 enqueue；dequeue 函数是调用轮询到的权重足够发送的队列的dequeue函数。

按照这些实体，首先需要设计一个类结构体，它是每个分类的载体。同时，它有一个成员，是一个指向另一个队列的指针。它还需要提供对 WRR 的支持，所以它需要有一个成员来表示权重。另外，为了应对权重不足下一个数据包发送（权重小于下一个数据包长度）的情况，同时也为了应对当权重小于下一个数据包长度而造成权重没有完全被利用的情况，我们增加一个成员，用于累加权重。每次轮询都会把这个计数变量加上它所在的类的权重，而每次取出数据包，都把这个变量减去数据包长度；如果数据包长度比这个值大，这次轮询先不取出数据包，只累加权重。

依照以上叙述，我们构建一个如下结构体：

```
struct drr_class {
    unsigned int refcnt;   //这个类被 get 函数引用的计数
    unsigned int filter_cnt;   //这个类被分离器实例引用的数目
    struct gnet_stats_basic bstats;   //包含类的基本信息的结构体
    struct gnet_stats_queue qstats;   //包含类后面对应的队列的基本信息结构体
    struct gnet_stats_rate_est rate_est;   //流量评估
    struct list_head alist;   //激活(含有数据包)的队列的链表头
    struct Qdisc * qdisc;   //这个类的内部队列
    u32 quantum;   //类的权重,也是每次发送的字节数
    u32 deficit;   //权重的累加数,轮询一次加权重,取出数据减数据包长度
};
```

除了这个结构体，还需要一个结构体来当做 WRR 的"私有"数据，这是每个队列规则都有的规范性部分，它用于保存队列的信息（发送数据量、丢包量、队列长度等），申请队列应有的空间（内部类、内部队列空间等），存放队列的内部结构句柄（类链表头、分离器链表头、内部数据包队列链表头等）。

WRR 的私有数据包括类队列链表头、分离器链表头、用于增加查找速度的散列数组。另外为了容纳分类失败的数据包，添加一个"直接"队列，当然也有同时增加这个队列的长度和数据包数目成员。

以下是 WRR 私有数据结构体：

```
struct drr_sched {
    struct list_head active;   //激活(含有数据包)的队列的链表头
    struct tcf_proto * filter_list;   //含有的外部分离器的列表
    struct Qdisc_class_hash clhash;   //查找类的散列数组
    struct sk_buff_head direct_queue;   //一个直接进入的数据包队列
    int direct_qlen;   //直接进入的数据包队列的长度
    long direct_pkts;   //直接进入的数据包队列的数据包数目
};
```

2. 入队 enqueue 函数设计

入队函数是队列规则的重要部分之一，外部直接调用这个函数来使数据包进入队列规则的控制范围[127]。

WRR 的入队函数主要是分类，然后进入对应的队列。当然如果分类失败，则进入"直接"队列。如图 6-7 所示。

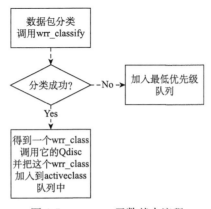

图 6-7　enqueue 函数基本流程

分类函数 wrr_clasify 很简单，遍历所有 struct tcf_proto * filter_list 中的分离器，寻找匹配，找不到则返回 NULL。

3. 出队 dequeue 函数设计

出队函数是 WRR 算法的关键体现所在[127]，在这个函数中，首先轮询 struct list_head active。这是一个"激活"队列，它包含目前有数据包的队列。当一个数据包被加入一个队列，这个队列会被加入这个队列链表，当一个队列中的最后一个数据包被取出，这个队列将从 struct list_head active 中删除。只访问"激活"队列的目的是避免轮询到空队列而增加这个队列的 u32 deficit，然后在这个空队列有数据时，u32 deficit 已经很大，占有了不该有的带宽。轮询过程中，每次循环为每个队列的 u32 deficit 累加这个队列的 u32 quantum。每次轮询到一个队列，把队尾的数据包长度与 u32 deficit 比较，如果 u32 deficit 大于它，则取出数据包，并把 u32 deficit 减去这个数据包的长度；如果小于它，则不取出数据包，只累加 u32 deficit。流程如图 6-8 所示。

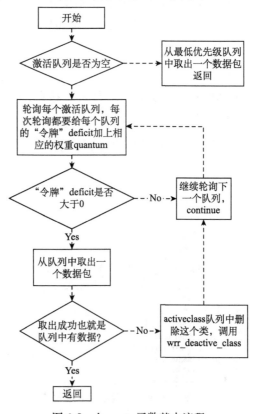

图 6-8   dequeue 函数基本流程

4. 功能函数设计

完整功能的 WRR，还需要依照嵌入式 linux 内核提供的 api，填充 struct Qdisc_ops wrr_qdisc_ops 结构体中的各个函数：

```
static struct Qdisc_ops wrr_qdisc_ops =
{
    .next = NULL,
    .cl_ops = &wrr_class_ops,
    .id = "wrr",
    .priv_size = sizeof(struct wrr_sched_data),
    .enqueue = wrr_enqueue,
    .dequeue = wrr_dequeue,
    .requeue = wrr_requeue,
    .drop = wrr_drop,
    .init = wrr_init,
    .reset = wrr_reset,
    .destroy = wrr_destroy,
    .change = NULL,
    .dump = wrr_dump,
    .owner = THIS_MODULE,
};
```

以下是这些函数的实现：

（1）wrr_init 主要做了以下工作：初始化散列数组、初始化活动队列、初始化默认队列。

（2）wrr_reset 主要完成工作有：根据散列数组遍历每个类，并调用每个类的内部队列的复位函数；复位默认发送队列。

（3）wrr_destroy 主要完成：根据散列数组遍历每个类并销毁每个类、释放默认队列内存空间。

（4）wrr_dump 具体算法比较复杂，但是都是在内核的接口函数中实现的，这个函数只主要调用那些接口，大概完成的工作是：遍历整个默认队列，把每个数据包的信息拷贝到用户空间通信载体中，遍历直到长度等于数据包总长度，也就是完成整个队列遍历。

（5）wrr_drop 根据散列数组表里所有类，并找到第一个遍历到的，内部队列有定义 drop 函数的类，从这个类的内部队列中丢弃一个数据包。要注意，如果丢弃数据包以后这个队列为空，要从活动队列中删除这个类。

另外还有一个结构体，保存对 WRR 内部类的操作：

```
static struct Qdisc_class_ops wrr_class_ops =
{
    .graft = wrr_graft,
    .leaf = wrr_leaf,
    .get = wrr_get,
    .put = wrr_put,
    .change = wrr_change_class,
    .delete = wrr_delete,
    .walk = wrr_walk,
    .tcf_chain = wrr_find_tcf,
    .bind_tcf = wrr_bind_filter,
    .unbind_tcf = wrr_unbind_filter,
    .dump = wrr_dump_class,
};
```

6.2.5 基于 WRR 的物联网感知层优化调度方法

1. 物联网协同检测调度模型

基于上述 WRR 算法，根据物联网的结构，可以采用分层协同调度的方法，一是在协同层中的协调器中设置调度器，二是在物联网云平台中设置全局的任务调度器。在物联网的应用中，针对实时任务的协同检测，在协同层的局部调度器起着十分重要的作用，为此设计如图 6-9 所示的物联网底层的协同检测调度模型。如图 6-9 所示，该模型分为 2 层：传感感知层和协同层，其中传感感知层的智能传感节点 S_1, S_2, $\cdots$, S_n 负责完成协同检测任务，完成服务请求和传感数据采集与发送，这些数据通过感知层网络传送到协同层；协同层则接收到数据后，先后对数据进行优先级分类，使其进入各服务队列，根据前面 WRR 算法优缺点的分析，它不太适合实时业务流，为此需要对 WRR 进行改进，然后利用改进的加权循环（Improved Weighted Round Robin，IWRR）算法对业务数据进行调度，使得业务数据尤其是实时数据可以得到及时传送。同时系统在初始化或者调度策略改变时，协同层的调度器可以将调度策略（比如优先级参数）

传送到传感层的智能传感节点。

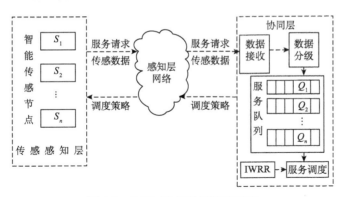

图 6-9　物联网协同检测调度模型

设图 6-9 中调度模型的每类数据包的单位时间延时为 C_i（$i=1$，2，$\cdots$，n），则物联网调度器的总时延 为 $C=\sum\limits_{i=1}^{n}C_iN_i$（$N_i$ 为各服务队列的平均数据包数），则 IWRR 优化调度方法的目的是实现实时数据的快速传送的同时使得 C 最小。令第 i 类数据包到达率、服务率、排队等待时间分别为 λ_i，μ_i，W_{qi}，那么有

$$C=\sum_{i=1}^{n}C_iN_i=\sum_{i=1}^{n}C_i\lambda_iW_{qi}+\sum_{i=1}^{n}C_i\rho_i\Rightarrow C-\sum_{i=1}^{n}C_i\rho_i=\sum_{i=1}^{n}C_i\rho_i\mu_iW_{qi} \quad (6\text{-}20)$$

式中 $\rho_i=\lambda_i/\mu_i$，称为第 i 类数据包服务强度。在式（6-20）中，对于一定通信方式，C_i，ρ_i 为常数，因此上式中，要使得 C 最小，必须使 μ_iW_{qi} 尽量小，即使得服务时间、排队等待的时间越小。

2. 改进的 WRR 优化调度方法

传统 WRR 算法的基本实现原理是按不同优先级给队列设置不同的权值，比如有 n 个队列 Q_1，Q_2，$\cdots$，Q_i，$\cdots$，Q_n，分别分配权值 W_1，W_2，$\cdots$，W_i，$\cdots$，W_n，那么在每个循环周期 $W_s=\sum\limits_{i=1}^{n}W_i$ 内，当轮巡到某一个队列时，如果该队列有数据帧要发送，则处理该数据帧，否则处理下一个队列的数据帧。其调度方法可以用图 6-10 来示例表达，图 6-10 中有 4 个队列，其权值分别为 5，4，3，2，它在每个循环都会轮巡每一个队列，但其服务次数与权值相对应，因此在第 1 遍轮巡时所有队列都会有数据帧被处理，当轮巡到第 4 遍时，就只处理队列 1 和队列 2 的数据帧了，当轮巡次数达到 $M=\max\{W_1,W_2,\cdots,W_i,\cdots,W_n\}$ 时，开始下一个循环周期。

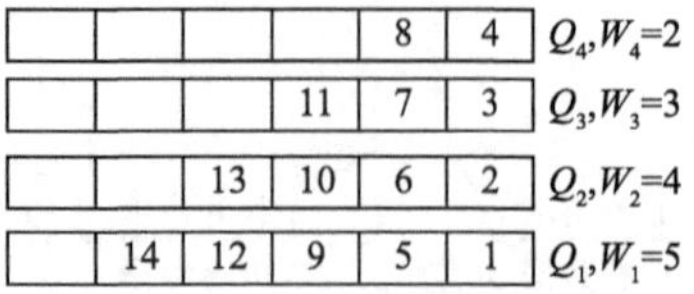

			8	4	$Q_4, W_4=2$
		11	7	3	$Q_3, W_3=3$
	13	10	6	2	$Q_2, W_2=4$
14	12	9	5	1	$Q_1, W_1=5$

图 6-10　WRR 算法数据帧发送顺序

从传统的 WRR 调度实现方法看，它解决了多优先级业务定长数据组/帧的公平性问题，适用于传感检测数据长度确定的物联网应用环境，但它在解决具有突发特性的高优先级实时数据业务时显得不足，不能保证突发数据能够及时连续地发送[128]，为此需要对传统 WRR 算法进行改进。

改进加权循环方法 IWRR 的目的是保证高优先级的突发数据能够连续地低延时地传输，实现实时和非实时混合业务数据流的优化调度，为此设计一个事件触发器，当无突发数据业务时，IWRR 采用传统的 WRR 算法进行调度；若有突发数据业务时，则进入高优先级优先转发的 HP-WRR（High Priority-Weighted Round Robin）状态，在 HP-WRR 状态中，突发数据业务进入一个单独的高优先队列，在总权重不变的情况下，向所有的低优先级队列借 1 个权值作为突发数据队列的权值 G，这时当轮巡突发数据队列时会一次性连续发送 G 个突发数据帧，然后转入其他低优先级队列中进行轮巡，其具体的实现算法如下：

（1）事件触发器进行判定是否有突发数据业务，若无则应用传统 WRR 算法进行调度。

（2）有突发数据业务，从最小权值开始，使低优先级队列权值 $W_i'=W_i-1$ 且满足 $W_i' \geqslant 1$，同时设置突发数据队列的权值为 $G = W_s - \sum W_i'$ 且 $G \leqslant \max\{W_i\}$，进入 HP-WRR 调度。

（3）连续发送 G 个突发数据帧，然后进入其他低优先级队列进行轮巡转发。

（4）所有队列轮巡转发完后，进入下一个循环周期回到突发数据帧队列，若还有数据帧待发则进入步骤（3）继续发送；若无待发数据，则撤销突发数据帧队列的权值归还给其他队列，恢复它们的权值，进入步骤（1）继续进行调度。

从算法实现上看，高优先队列的服务率 μ_i、排队时间 W_{qi} 都减少了，所以 IWRR 调度方法可以更快地实现实时数据的发送。IWRR 调度方法可用图 6-11 的状态转换图来表示，图 6-11 中的 E1 代表有突发数据业务事件，E2 代表无突发数据业务。当无突发数据业务时，采用默认的 WRR 调度方法，否则用 HP-WRR 方法调度。

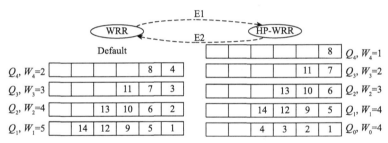

图 6-11　IWRR 调度方法原理示例图

6.2.6　仿真分析

基于 OPNET 仿真软件，设置一个 $100\text{m}\times100\text{m}$ 的仿真区域，物联网仿真采用星形拓扑结构，网络内含一个协调器用来实现协同层的局部调度，同时感知层包含 30 个无线传感节点。根据改进的加权循环调度 IWRR 方法进行数据仿真，设有 4 个数据源队列 Q_1，Q_2，Q_3，Q_4，队列长度 $L_{\max}$ 均为 100，队列权值分别为 5，4，3，2，则可用图 6-11 所示的 IWRR 调度方法进行仿真。

从图 6-11 所示的调度方法原理分析可以看出，在无突发数据业务时，IWRR 的各队列发送时延和 WRR 是一样的；当有突发数据业务时，IWRR 调度方法则进入 HP-WRR 状态，为了对比 IWRR 对突发数据业务调度的有效性，让它与 5 队列的具有同样权值 {4，4，3，2，1} 的传统 WRR 方法进行对比。在大多数的物联网检测应用场合突发数据业务量并不大，为此仿真时设置突发数据业务量为正常检测数据量的 10%，可得到在不同总数据负载下 IWRR 和 WRR 调度方法的时延对比图，如图 6-12 所示。

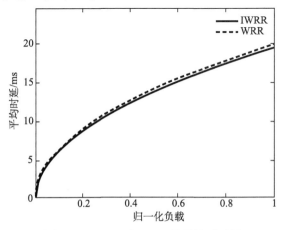

图 6-12　IWRR 和 WRR 的平均时延图

从图 6-12 可以看出 IWRR 整体数据调度的平均时延要比 WRR 小，且相差不大，但从图 6-13 所示的 Q_0 队列的平均时延对比图可以看出高优先级的突发数据业务的平均时延 IWRR 要远小于 WRR，同时从图 6-14 所示的 Q_4 队列的平均时延对比图可以看出这是 IWRR 调度方法通过牺牲低优先级别的时延来实现的。

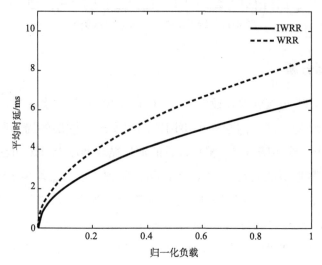

图 6-13　IWRR 和 WRR 高优先队列 Q_0 的平均时延对比图

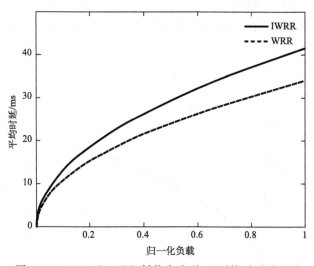

图 6-14　IWRR 和 WRR 低优先队列 Q_4 平均时延对比图

6.3　物联网系统协同机制

6.3.1　基于协同学的协同机制引入

除了感知层的多传感信息融合和业务流的优化调度外，在现代网络测控系统中，往往是多模块借助计算机网络技术，在一定的机制下共同协调和协作来完成一项任务，称为多模块协同工作。如图 6-15 所示，就是一种物联网系统协同机制模型，模型的多模块协同工作是高层次的协同机制，它在一定程度上综合了多传感数据融合和多变量协调控制[129]。资源共享是协同的前提，同步机制、信息传输协同是协同之基础，协作模式是保证如下四个方面。

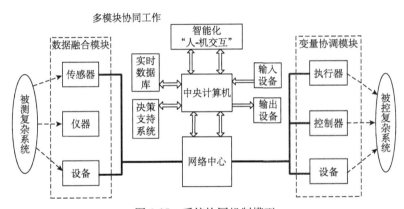

图 6-15　系统协同机制模型

（1）资源共享：多模块协同工作要求各模块必须能够共享有关的知识、数据以及解决问题所需的方法、工具、环境等各种资源。在物联网络测控系统中，资源具有分布式特点，目前已有很多成熟的网络和数据库技术（如数据加锁、访问控制等）可解决分布式数据共享问题。对协同工作来说更重要的是工作空间的共享，这就需要诸如应用程序共享这类机制来实现。应用程序共享通过消息共享实现软件的异地执行，从而使异地的工作模块可最大限度地利用协同环境提供的巨大资源，提高测控的准确性。

（2）同步机制：多模块协同工作的一个基本要求是工作环境的一致性，各个模块产生的响应也应遵守一定的时间关系，这类时间关系的维持是通过同步机制实现的。同步机制讨论协作过程中产生的各类协作事件间的时序关系。网络测控系统的同步可分为实时事件同步和系统信息流同步，实时事件同步描述一个或一组相关事件的发生和由此引起的相应动作之间的时序关系，系统信息流同步描述系统内数据流、状态流、指令流的时序关系。同步机制研究的难点在于同步关系的描述和实时服务的提供，目前缺少有效的同步关系描述手段，而且常见的操作系统都无法提供严格的实时服务。

（3）信息传输协同：在物联网测控系统中，由于各传感器和执行器是同地或异地，信息交流也有同时或不同时的，信息传输必须考虑信息在时空上的一致性问题。信息协同传输方式按对时空一致的要求从弱到强依次为：同地异步方式；异地异步方式；同地同步方式；异地同步方式。异步方式中数据传输的可靠性比实时性更重要一些；同步方式中可靠性与实时性同等重要。这些都要求系统提供保证时空信息一致性的协同机制。这种协同机制可分为共享显示机制和事件广播机制，共享显示以白板为代表，事件广播型的协同机制是在每一个参与协作的计算机中，都运行一个应用程序的本地拷贝（多个执行体），多个拷贝之间仅交换状态信息。

（4）多模块协作模式：协同机制的研究目的在于提高网络测控系统多模块之间的协调配合水平，达到完成特定测控任务，为此必须深入研究多模块之间的协作模式。与人类群体的协作模式相似，协同系统的多模块协作之间具有层次结构特征，如高层次的总体目标协调和具体任务协作就是在两种不同层次上的协同工作。"总体目标协调"的主要内容是任务划分和分工细化，没有强的时间限制；"具体任务协作"要求各模块根据具体的任务目标进行协同工作，通常有较强的时间限制。多模块间的协作模式多种多样，如按协作模块之间的关系，可以分为集中控制下的协作和平等协作；按协作过程的时间限制特征，可以分为同步协作和异步协作。多模块协作模式的难点在于如何有效的把协作模式与相应的协作支持技术协同起来。

基于上述的物联网测控平台协同机制的分析，可以引入协同学理论进行协同机制的研究。基于协同学思想的阐述，协同学在网络化测控领域可形成一个观点："测量确定性的过程即为测量协同的过程"。系统测量协同过程即：初始状态的配置，其中也包括部分有序化的子系统，属于这个子系统的序参量在竞争中取胜，最后支配整个系统并使其进入这个特定的有序状态，完成系统的宏观质变。通过测量协同，使得物联网协同测控系统从不确定状态进入确定状态中，运用了这一机理，即各种特征的集合一旦给出，序参量间互相竞争，最终具有最强初始支撑的序参量（在平衡注意参数情况下，即对应初始模最大的序参量；在不平衡注意参数情况下，不仅与序参量初始值有关，而且还与注意参数大小有关）赢得胜利，从而呈现系统原来所缺少的特征。可以看出，在测量协同之际的互补过程和系统确定化过程的联想之间有一个完全对应的关系。

通过协同测量演化机理的分析，结合基于协同学理论发展起来的协同神经网络（Synergetic Neural Network，SNN），可建立一个基于"合作-竞争-协调"的多传感协同测量系统决策模型[130-131]，如图 6-16 所示，模型由物联网智能测控系统的内部和外部元素及表示组成，具有三层结构，第一层是接受输入的模拟神经元，代表多传感点的输入；第一层各传感点通过合作将结果投射到代表序参量的第二层，其中各序参量进行竞争，如果通过若干步迭代后认知网络收敛达到稳定，说明某个序参量役使系统进入定常状态；第三层表示源自获胜序参量的输出，通过协调运算，最后可呈现系统协同测量结果。

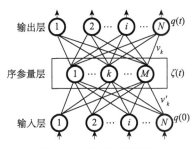

图 6-16　SNN 网络模型

6.3.2　协同测量动力学方程的建立及推导

基于 SNN 序参量网络模型，下面进行协同测量动力学方程的建立与推导。物联网智能测控系统是一个大区域的分布式复杂系统，由许多测控单元组成，设想测量量值的信息沿着系统演化的方向移动，当信息量达到某个阈值时，与之对应的某个测量量值就确定了。因此可用 N 个分量的状态向量来描述该系统：

$$q = (V_1, V_2, \cdots, V_N) \tag{6-21}$$

同样地，状态向量 q 服从如下方程随时间演化：

$$\dot{q}(x,t) = N(q, \nabla, \alpha, x) + F(t) \tag{6-22}$$

这样基于协同认知的动力学方法，将协同测量的动力学方程做如下表示：

$$\dot{q} = \sum_k \lambda_k \nu_k (\nu_k^+ q) - D\sum_{k \neq k'} (\nu_k^+ q)^2 (\nu_k^+ q)\nu_k - S(q^+ q)q + F(t) \tag{6-23}$$

其中，常数 D 应被构成依赖于 k 和 k'，即 $D \to D_{kk'}$；q 是以输入信息 $q(0)$ 为初始值的测量向量；λ_k 称为协同参数，只有当它为正的时候，才可以最准确的描述测量量值；D 和 S 为指定系数，$F(t)$ 为系统运行中的测量不确定涨落力。式

中第一项的 $\nu_k \cdot \nu_k^+$ 可以称为学习矩阵，当 λ_k 为正值时会导致 q 的指数增长，第三项是限制这种增长的因素，第二项用于对测量信息的辨别，实现描述量值信息的完备性。基于上面建立的协同测量系统的动力学方程，可以得到系统协同测量的序参量方程和势函数。

当系统得到的一组由于产生不确定性而不完备的信息，比如，一组强噪声的数据或缺损的信息，我们称其为描述量值的测量信息向量 q，q 随着时间的推移逐步完善，最终经中间状态 $q(t)$ 达到矢量 ν_{k0}，这个 ν_{k0} 是描述量值的一个原始模式，即这个原始模式可以最准确的描述测量量值，它与初始的输入信息 $q(0)$ 最为接近，用协同学的术语说就是使其处于这个原始模式的吸引谷底，这个动力学过程可简单的描述为：$q(0) \rightarrow q(t) \rightarrow \nu_{k0}$。

把信息向量 q 分解为原始向量和随机向量，即

$$q = \sum_{k=1}^{M} \xi_k \nu_k + z, \quad k = 1, \cdots, M \tag{6-24}$$

其中 $(\nu_k^+ z) = 0$，定义 q 的伴随向量为

$$q^+ = \sum_{k=1}^{M} \xi_k \nu_k^+ + z^+, \quad k = 1, \cdots, M \tag{6-25}$$

其中 $(z^+ \nu_k) = 0$，显然有

$$(\nu_k^+ q) = (q^+ \nu_k) \tag{6-26}$$

将式（6-24）代入式（6-26），根据正交关系，得到序参量：

$$\xi_k = (\nu_k^+ q) \tag{6-27}$$

可以证明得到下述形式的动力学方程：

$$\dot{q} = -\frac{\partial V}{\partial q^+}, \quad \dot{q}^+ = -\frac{\partial V}{\partial q} \tag{6-28}$$

于是，进行失稳分析，利用精确消去的支配原理，消去稳定模可得出序参量方程如下：

$$\dot{\varepsilon}_k = \lambda_k \varepsilon_k - D \sum_{k' \neq k} \varepsilon_{k'}^2 \varepsilon_k - S\left[\sum_{k'=1}^{M} \varepsilon_{k'}^2\right] \varepsilon_k \tag{6-29}$$

或

$$\dot{\varepsilon}_k = \lambda_k \varepsilon_k - S \varepsilon_k^3 - (D+S) \sum_{k'=k} \varepsilon_{k'}^2 \varepsilon_k \tag{6-30}$$

这些序参量服从初始条件：$\varepsilon(0) = (\nu_k^+ q(0))$。其中式（6-30）第一项为自激励项，代表了模式对自身的反馈激励作用，如果没有其他抑制项，它将带来指数增长；第二项为自抑制项，它代表了模式对自身过度增长的抑制；第三项

为侧抑制项，它代表了模式之间的相互抑制，任何一个序参量的增大都会对其他所有序参量产生抑制作用。

利用式（6-30），得到序参量方程相应的势函数为

$$V = -\frac{1}{2}\sum_{k=1}^{M}\lambda_k\xi_k^2 + \frac{1}{4}D\sum_{k'\neq k}\xi_{k'}^2\xi_k^2 + \frac{1}{4}S\left(\sum_{k'=1}^{M}\xi_{k'}^2\right)^2 \tag{6-31}$$

通过求解序参量方程式（6-29），可得到测量系统演化前后的状态，而对势函数（6-31）的分析可以确定系统的稳定性，表征了测量信息演化的过程，在协同测量中起着决定作用，这也就是用协同学处理测量问题的方法。

根据以上推导，将含有多个自由度的系统简化为只含序参量的方程，并且得到其势函数，通过求解方程，可以得到协同测量系统变化前后的状态。

根据协同学的推导，其相应的序参量方程和势函数分别为式（6-29）和式（6-31），因此有

$$\lambda_k\xi_k - D\sum_{k'\neq k}\xi_{k'}^2\xi_k - S\left(\sum_{k'=1}^{M}\xi_{k'}^2\right)\xi_k = \xi_k(\lambda_k - E + D\xi_k^2) \tag{6-32}$$

$$\xi_k(n+1) - \xi_k(n) = \gamma(\lambda_k - E + D\xi_k^2)\xi_k(n) \tag{6-33}$$

其中，

$$E = (D+S)\sum_{J=1}^{m}\xi_J^2 \tag{6-34}$$

当系统达到稳定状态时有

$$\dot{\xi}_k = 0, \quad 1\leqslant k\leqslant M$$

其中 γ 为迭代步长，它决定着协同测量势函数演化过程的稳定性。这样，机理模型三层网络结构的各层之间满足如下关系，从输入层到中间层之间有

$$\xi_k(0) = \sum_{j=1}^{N}\nu_{kj}^{+}q_j(0) \tag{6-35}$$

从中间层到输出层之间有

$$q_l(t) = \sum_{k=1}^{M}\xi_k(t)\nu_{lk}, \quad l=1,2,\cdots,N \tag{6-36}$$

在三层网络中，从输入到输出的各神经元之间不断的竞争与协同，实现协同测量网络的自组织、自学习、自联想和自记忆等功能。在整个协同测量的势函数演化过程，系统受到定义各原型模式吸引域之间边界的参数 D、抑制参数 S 及协同参数 λ_k（$k=1, 2, \cdots, M$）的影响。尤其 λ_k，其控制着模式变化的速度，决定着序参量的终值大小。势函数所有极小值都对应于一个有序的模式，

没有伪状态。对于协同参数 $\lambda_k = C$ 时，所有的吸引子的吸引效果是相等的，或者说，能量函数的势阱是等深的，序参量演化的终值为 1 或 0；当在不平衡的协同参数作用下，它将决定势阱的深度，序参量演化的终值不一定为 1 或 0，它们对应着系统演化的权重，最终联合决定着系统演化过程。可以通过证明得出，在平衡协同参数情况下，如果一开始 $|\varepsilon_{k_0}|$ 就大于其他的任何一个 $|\varepsilon|$，则动力学将这个系统拉到稳定不动点 $\varepsilon_{k_0} = 1$，其他全部的 $\varepsilon = 0$；如果一开始 $|\varepsilon_{k_1}| = |\varepsilon_{k_2}| = \cdots = |\varepsilon_{k_m}|$ 大于其他 $|\varepsilon_k|$，则动力学就结束在这个对应的鞍点上。据此，仅仅是涨落力能够驱使系统进入属于 k_1，k_2，$\cdots$，k_m 的任何一个不动点。

从上面的分析推导可以看出，自组织系统的方程实质上是齐次的，即 $q = 0$ 必是它的一个解，但是，如果系统开始处于 $q = 0$ 而且不动，则它永远保持在 $q = 0$ 并且不发生自组织现象。所以在自然界的许多例子中，涨落总是存在的，物联网测控复杂系统也不例外。在测控系统中来自外部因素的影响就体现了这种涨落的作用，最终得出协同测量的宏观结果。然而这是一个精确的归类过程，协同神经网络 SNN 处理的是一维问题，这就丢失了相邻测量值的相关属性，忽略了系统中的空间信息，因此要进一步提高补偿数据的精度，可进行横向数据的关联计算，体现出一种合作、竞争、协调的过程。

6.3.3　基于协同测量机理模型的决策方法

基于协同测量机理模型，建立协同测量动力学方程，从协同测量机理的数学推导，可知协同测量机理的演化过程是一种合作-竞争-协调的过程，它的合作过程根据区域的多组测量向量获取区域向量，并且将该区域向量自动转换成的伴随向量进行计算，构造出序参量，形成协同神经网络；它的竞争过程通过将多传感点输入到神经网络，当各传感点通过合作投射到决策序参量时，其各序参量之间进行竞争，当序参量迭代后认知网络收敛达到稳定，则该序参量使系统进入定常状态；它的协调过程，将系统进入定常状态的序参量输出的测量数据进行协调运算，得到系统协同测量的结果。下面依据此结论，进行基于协同测量机理模型的决策，该决策方法的执行过程主要包括三个阶段，首先是网络的学习过程，其次是预决策过程，最后是决策过程。算法内容描述如下：

（1）获取合适的多传感参数的系列原始向量，作为样本集 Z，向量维数为 n。

（2）基于比例的 K-均值聚类思想，建立在误差平方和准则基础之上，确定最终的区域向量，其个数为 M，必须满足 $M \leqslant N$，并进行初始化。

（3）机制演化过程的系列参数 D，S，γ 及 λ_k 确定，完成预处理，获得协同基准向量。

（4）结合预处理结果，基于平均值修正不确定性实时测量向量，求得协同决策结果。协同测量方法的具体实现首先进行基于比例聚类的区域向量选择。对于协同测量机理模型来说，网络、向量的初始化主要在于选择适当的训练模式进行学习训练，协同学习是一个中心问题。因为在网络的学习、训练期间对于每个类，不只是只有一个样本，而是一个样本集。若选取所有的样本来记忆，由于同一类中不同样本存在差异，即会使网络的吸引域十分混乱，系统每一时刻的每一组测量数据之间存在一定的相关性，在某种前提条件下，即可归类为一个区域向量。区域向量选择是一个重要的方面，本机制基于聚类分析思想，因为最小平方准则对数据中的异常值是高度敏感的，因此该思想建立在误差平方和准则基础之上，为得到最优结果，先选择一些明显的样本作为聚类中心，然后把其余的点融合到各类中，于是每个类选取一个"代表"来进行记忆，完成区域向量的准确运算，其方法具体如下：

设样本集为 z_i，第 i 数据样本 $X_i = \begin{bmatrix} x_{i1} & x_{i2} & \cdots & x_{in} \end{bmatrix}$，因此样本集可表示为如下的一个 $k \times n$ 数据矩阵：

$$\begin{bmatrix} x_{11} & x_{12} & \cdots & x_{1n} \\ x_{21} & x_{22} & \cdots & x_{2n} \\ \vdots & \vdots & & \vdots \\ x_{k1} & x_{k2} & \cdots & x_{kn} \end{bmatrix}$$

根据比例聚类思想，将样本集进行转化，如下式所示，

$$\begin{bmatrix} x_{11} & x_{12} & \cdots & x_{1n} \\ x_{21} & x_{22} & \cdots & x_{2n} \\ \vdots & \vdots & & \vdots \\ x_{k1} & x_{k2} & \cdots & x_{kn} \end{bmatrix} = \begin{bmatrix} a_{11} & a_{12} & \cdots & a_{1n} \\ a_{21} & a_{22} & \cdots & a_{2n} \\ \vdots & \vdots & & \vdots \\ a_{k1} & a_{k2} & \cdots & a_{kn} \end{bmatrix} \tag{6-37}$$

其中 $a_{ij} = \dfrac{x_{i1}}{x_{ij}}$，用样本集 $A = \begin{bmatrix} A_1 & A_2 \cdots & A_n \end{bmatrix}$ 表示矩阵 $\begin{bmatrix} a_{11} & a_{12} & \cdots & a_{1n} \\ a_{21} & a_{22} & \cdots & a_{2n} \\ \vdots & \vdots & & \vdots \\ a_{k1} & a_{k2} & \cdots & a_{kn} \end{bmatrix}$。设

样本集 A 含有 m 个类型，特征空间 $R = T_1 \bigcup T_2 \bigcup \cdots \bigcup T_m$，基于误差平方和作为聚类准则函数。

（a）设定 m 个作为初始聚类中心的代表样本 $Z=\{Z_1^1,\ Z_2^1,\ \cdots,\ Z_m^1\}$（上角标为寻找聚类中心的迭代次数）。

（b）取样本 A_i，若有 $|A_i-Z_j^n|<|A_i-Z_l^n|$（$i=1,\ 2,\ \cdots,\ k$；$j,\ l=1,\ 2,\ \cdots,\ m$（$l\neq j$），n 是迭代次数），则 $A_i\in T_j^n$，T_j^n 是聚类中心为 z_j^n 的样本集合。

（c）得到新的聚类中心 $Z_j^{n+1}=\dfrac{1}{n_j}\sum\limits_{A\in T_j^n}A(j=1,2,\cdots,m)$，$n_j$ 为 z_j 类中所包含的样本数。

（d）若 $Z_j^{n+1}=Z_j^n$（其中 $j=1,\ 2,\ \cdots,\ m$），则程序结束，此时 $Z=$
$$\begin{bmatrix} z_{11} & z_{12} & \cdots & z_{1n} \\ z_{21} & z_{22} & \cdots & z_{2n} \\ \vdots & \vdots & & \vdots \\ z_{m1} & z_{m2} & \cdots & z_{mn} \end{bmatrix}$$。否则令 $n=n+1$，转到（b）。

（e）对 m 个区域向量进行零均值和归一化处理，得到 v_k，其中 $k=1,\ 2,\ \cdots,\ m$，也即获得网络模型中的 v_{lk} 权值向量。

完成了区域向量的求取，下面需要对伴随向量求取。由于测控系统的测控数据各自之间存在一定的继承关系，基于上面的聚类算法所得出的区域向量不能保证正交，而协同神经网络采用通用的 $M\text{-}P$ 广义逆求解算法，其最大优势恰好就是不需要原始向量正交化，同时兼顾精度和速度等要求。下面对 $M\text{-}P$ 广义逆矩阵进行求解。

定理 1 设各区域向量组成的是 $m\times n$ 矩阵 A，$M\text{-}P$ 广义逆矩阵记为 A^+，则满足如下全部四个条件，

（1）$AA^+A=A$；

（2）$A^+AA^+=A^+$；

（3）$(A^+A)^{\mathrm{H}}=A^+A$；

（4）$(AA^+)^{\mathrm{H}}=AA^+$ 的 $n\times m$ 矩阵 A^+ 存在而且唯一。

定理 2 设存在酉矩阵 P 和 Q，使得

$$P^{\mathrm{H}}AQ=\begin{bmatrix} D, & 0 \\ 0, & 0 \end{bmatrix} \tag{6-38}$$

这里 $D=\mathrm{diag}\ (d_1,\ d_2,\ \cdots,\ d_r)$，且 $d_1\geqslant d_2\geqslant\cdots\geqslant d_r>0$。

基于矩阵的奇异值分解定理可知，

$$A=P\begin{bmatrix} D,0 \\ 0,0 \end{bmatrix}Q^{\mathrm{H}} \tag{6-39}$$

从定理 1 中的四个满足条件出发，事实上，

$$AA^+A = AQ\begin{bmatrix} D^{-1}, 0 \\ 0, \ 0 \end{bmatrix}P^{\mathrm{H}}A = P\begin{bmatrix} D, 0 \\ 0, 0 \end{bmatrix}\begin{bmatrix} D^{-1}, 0 \\ 0, \ 0 \end{bmatrix}\begin{bmatrix} D, 0 \\ 0, 0 \end{bmatrix}Q^{\mathrm{H}}$$

$$= P\begin{bmatrix} D, 0 \\ 0, 0 \end{bmatrix}Q^{\mathrm{H}} = A \tag{6-40}$$

$$A^+AA^+ = Q\begin{bmatrix} D^{-1}, 0 \\ 0, \ 0 \end{bmatrix}P^{\mathrm{H}}AQ\begin{bmatrix} D^{-1}, 0 \\ 0, \ 0 \end{bmatrix}P^{\mathrm{H}} = Q\begin{bmatrix} D^{-1}, 0 \\ 0, \ 0 \end{bmatrix}\begin{bmatrix} D, 0 \\ 0, 0 \end{bmatrix}\begin{bmatrix} D^{-1}, 0 \\ 0, \ 0 \end{bmatrix}P^{\mathrm{H}}$$

$$= Q\begin{bmatrix} D^{-1}, 0 \\ 0, \ 0 \end{bmatrix}P^{\mathrm{H}} = G \tag{6-41}$$

$$A^+A = Q\begin{bmatrix} D^{-1}, 0 \\ 0, \ 0 \end{bmatrix}P^{\mathrm{H}}A = Q\begin{bmatrix} D^{-1}, 0 \\ 0, \ 0 \end{bmatrix}\begin{bmatrix} D, 0 \\ 0, 0 \end{bmatrix}Q^{\mathrm{H}} = (A^+A)^{\mathrm{H}} \tag{6-42}$$

$$AA^+ = AQ\begin{bmatrix} D^{-1}, 0 \\ 0, \ 0 \end{bmatrix}P^{\mathrm{H}} = P\begin{bmatrix} D, 0 \\ 0, 0 \end{bmatrix}\begin{bmatrix} D^{-1}, 0 \\ 0, \ 0 \end{bmatrix}P^{\mathrm{H}} = (AA^+)^{\mathrm{H}} \tag{6-43}$$

因此 M-P 广义逆矩阵 A^+ 的表达式为

$$A^+ = Q\begin{bmatrix} D^{-1}, 0 \\ 0, \ 0 \end{bmatrix}P^{\mathrm{H}}$$

其中当 $m=n=r$，A 可逆时，则 A^{-1} 满足定理 1 的全部条件，故可得 $A^+=A^{-1}$。根据 A^+，可获得网络模型中的 v_{kj}^+ 权值向量。

基于求取的区域向量 v_{lk} 和伴随向量 ν_{kj}^+，可根据如下公式

$$\xi_k = （\nu_k^+q） \tag{6-44}$$

从而很容易求得 m 个中间层序参量 ξ_k。多个序参量根据如下公式（前面推导结果）进行自组织演化

$$\xi_k(n+1) - \xi_k(n) = \gamma(\lambda_k - E + D\xi_k^2)\xi_k(n) \tag{6-45}$$

其中，$E = (D+S)\sum_{J=1}^{m}\xi_J^2$。

对于参数 D，S，γ 应选取适当的值，一般取 $D=S=1$，网络的稳定性主要取决于 γ 的值，取 $\gamma=1/E$ 的形式，可以自适应的调整步长，保证了网络的稳定快速收敛。协同参数 λ_k 的选择决定着序参量的终值大小，取协同注意参数 $\lambda_k=C$，序参量演化的终值为 1 或 0，此时决策的问题有主要的外部涨落决定因素，导致系统快速呈现动力学自组织演化结果，从而可获得决策的预结果，由下式（前面推导结果）计算得

$$q_l(t) = \sum_{k=1}^{M} \xi_k(t)\nu_{lk}, \quad l = 1, 2, \cdots, N \tag{6-46}$$

预结果的得出，即可获得对应的 Z_p（$p=1$, 2, …, m) 协同向量，该协同向量作为协调计算中的基准，该基准准确反映了实时测量数据向量之间的关系，可由 w_{ij} 来体现其中各维之间关系，

$$w_{ij} = \frac{z_{pj}}{z_{pi}} \tag{6-47}$$

当该实时测量数据向量中只有单维数据 Q_{lj} 出现不确定情况时，可推导出如下公式：

$$O_j = \frac{1}{n-1} \sum_{i=1, i \neq j}^{n} Q_{li} w_{ij} \tag{6-48}$$

其中 O_j 为单维数据 Q_{lj} 的确定化过程结果。

当该实时测量数据向量中有两维数据 Q_{lj} 和 Q_{lt} 出现不确定情况时，可推导出如下公式：

$$\begin{cases} O_j = \dfrac{1}{n-2} \displaystyle\sum_{i=1, i \neq j, i \neq t}^{n} Q_{li} w_{ij} \\ O_t = \dfrac{1}{n-k+1}\left(\displaystyle\sum_{i=1, i \neq j, \cdots, i \neq t}^{n} Q_{li} w_{it} + O_j w_{jt} \right) = \dfrac{1}{n-2} \displaystyle\sum_{i=1, i \neq j, i \neq t}^{n} Q_{li} w_{it} \end{cases} \tag{6-49}$$

其中 O_t 为 Q_{lt} 的推算结果，O_j 是 Q_{lj} 确定化结果。

由上面思路可进行类推，当实时数据向量中有 k 维数据同时出现不确定情况时，同样可推导出如下公式：

$$\begin{cases} O_j = \dfrac{1}{n-k} \displaystyle\sum_{i=1, i \neq j, \cdots, i \neq t}^{n} Q_{li} w_{ij} \\ O_t = \dfrac{1}{n-k+1}\left(\displaystyle\sum_{i=1, i \neq j, \cdots, i \neq t}^{n} Q_{li} w_{it} + O_j w_{jt} \right) = \dfrac{1}{n-k} \displaystyle\sum_{i=1, i \neq j, \cdots, i \neq t}^{n} Q_{li} w_{it} \\ \quad\vdots \\ O_h = \dfrac{1}{n-k+(h-1)}\left(\displaystyle\sum_{i=1, i \neq j, \cdots, i \neq t}^{n} Q_{li} w_{ih} + O_j w_{jh} + \cdots + O_p w_{ph} \right) \\ \quad = \dfrac{1}{n-k} \displaystyle\sum_{i=1, i \neq j, \cdots, i \neq t}^{n} Q_{li} w_{ih} \end{cases} \tag{6-50}$$

其中 $k < n$，O_j 为第一个不确定性维的推算结果，O_t 为第二个推算结果，O_p 为第 $k-1$ 个推算结果，O_h 为第 k 个确定化结果。由上述公式的推导可知，当 $k \geqslant n$ 时，该通用公式不成立，然而对应测控系统来分析，其中的协同测量维数最大

为 n，并不存在 k>n 这种情况；当出现 k=n 时，那意味着整个系统完全瘫痪不能工作，这种情况出现的概率非常低，已经超出了外界环境（干扰、噪声等）引起的涨落现象所研究的问题。

6.3.4　基于协同测量机理模型决策的应用

乙醇的生产是一个复杂的流程测控领域，根据现场实际运作需要，深入研究了乙醇检测环境下各种工作模式的协同问题，确定了多级操作平台的统一通信标准。乙醇流程测控系统采用多级操作平台实现多层协同。系统采用多级操作平台实现多层协同的思想，来研究多工作模式下的网络化检测技术。系统主要有以下四层工作模式（即：单机运行模式、多机运行模式、局域网模式和远程监测模式），各层工作模式面向不同的操作对象（图 6-17）。

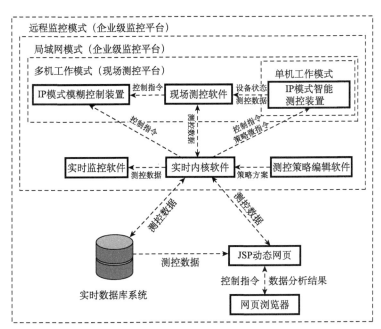

图 6-17　多层协同多模式信息流

单机运行模式和多机运行模式主要是面向现场第一线人员，对应操作平台是现场测控平台。单机运行模式主要实现对现场测量参数的实时采集、显示和向上层网络传送本地测量数据。多机运行模式是在单机运行模式的基础上，实现分布式测量，根据事先规定的策略实现现场各参数的实时监控功能。局域网模式主要面向的对象是现场管理者，对应操作平台是企业级监控平台，实时从分布各点的智能测控装置采集现场参数，同时根据具体情况，向智能测控装置发送监控策略，实现对现场参数的集中监控。远程监控模式主要面向异地管理者或专家，对应操作平台是远程测控平台，通过网页访问系统后台数据库，获取实时测控参数和历史数据，以便对监控系统进行评价或是发送控制策略实现现场的远程监控。各层工作模式间相互协调工作，完成整个测控参数监控和管理功能。

为了实现协同测控策略决策的顺利执行，系统基于 XML 的交换模式，实现测控系统在各种工作模式下跨平台可靠运行。系统协同策略 XML 解释执行过程如图 6-18 所示，在协同策略执行的过程中，系统软件关心的只是参加运算对象的当前值，而无需关心运算对象的具体用途，因此，上面树型数据中的 DataSources 元素节点中的数值存入 Sensor 类，包括参数发生器这类在现实测控中不属于传感器的数据源设备，并将 Sensor 类放入集合 SensorMap；元素节点 Equipments 数据存到 Equip 类中，并放入集合 EquipMap；元素节点 Expressions 存储着一系列有序测控微指令，将每条微指令存入 Microorder 类，并将其按先后顺序存入单向队列 OrderQueue 中。Sensor 类和 Equip 类实例同时将设备名称和相应的 GID 存入集合 GIDList 中，便于后继进行 GID 转换。

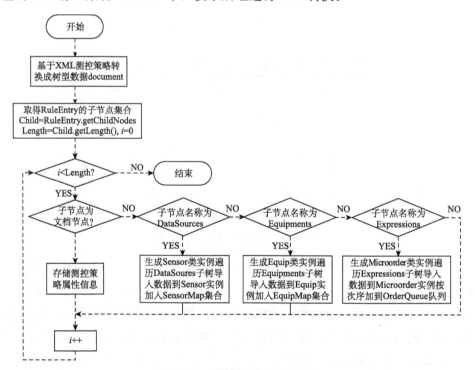

图 6-18　测控策略解释流程图

　　系统完成了上述策略解释工作后，测控策略处于待命状态，只要有相关的传感数据上传，策略就可以相应的操作和监控显示。在策略执行的过程中，每个受控设备或者仪表面板组件的测控策略都表示为一定的算式，只要算式中参加运算的运算对象（传感器或其他设备）的值没有发生变化，算式的结果就不会发生变化，所以无需重新执行该设备的微指令。反之，当某个传感器或设备的状态发生变化时，微指令中包含该运算对象的所有设备仪表面板组件都必须重新执行其微指令，以得到最新的状态值和显示信息。因此实时内核软件接收到传感器或设备的状态更新信息的事件是触发执行微指令的条件，这时实时内核软件采用动态执行算法重新计算该传感器涉及的仪表面板组件最新值。

6.4　本章小结

　　物联网存在感知检测终端多样性、异构性、复杂性等问题，使得基于给定的协同检测任务在感知终端多样复杂性、感知任务时间约束、系统资源有限性等方面约束下，实现感知层多传感信息融合、实时和非实时混合业务数据流的优化调度，以及系统的协同机制是必要的。

　　（1）本章阐述了基于变窗一致可靠性测度的多传感信息融合方法，该融合方法利用一致性测度表征某时刻传感器测量值之间的相互支持程度，用传感器在历史测量中的方差表征各传感器的可靠性测度，并通过变窗的方法实现了对传感器方差的自适应递推估计，在一致性测度和可靠性测度的基础上，给出了一致可靠性测度的计算方法，实现多传感信息的融合。基于变窗一致可靠性测度的多传感信息融合方法融合准确度高，它与平均加权融合估计值相比，准确度提高了近 1.07 倍。

　　（2）阐述了 WRR 方法的原理和算法设计，在此基础上，设计了一种物联网底层的分层协同调度模型，模型通过协同层的局部调度器对感知层的业务数据进行优先级分类，使其进入各服务队列，然后利用改进的加权循环 IWRR 方法对混合业务数据进行调度，使得业务数据尤其是实时数据可以得到及时传送，同时模型可以在初始化或者调度过程中，对感知层的调度策略进行修改设置。模型研究了一种改进加权循环 IWRR 方法，该方法通过借用优先级组建临时发送队列来实现突发实时数据业务的及时连续发送，与传统的 WRR 方法相比，IWRR 方法在保证多优先级业务数据组/帧的公平性的同时，通过牺牲一部分低优先级队列的时延，可使得突发实时数据业务能够更好地及时连续发送，并在整体上具有更低的平均业务数据发送时延。

（3）基于协同论引进协同理念，将其应用于物联网测控系统中，具体分析基于物联网测控系统协同机制，提出实现协同机制的一些思路和方法，从协同学理论的基本原理出发，进行了协同学动力方程的推导和建立，以及协同机制决策的应用方法阐述，建立了基于协同学的多传感测量系统应用模式。

第7章 基于智能传感节点的网络化检测系统研制及试验

在前几章中，研究了传感系统建模设计方法、传感信息预处理、自校正技术、动态预测补偿和网络化协同技术等，本章将基于这些方法，进行网络化实时检测系统研制与试验探讨。

本章将设计一种基于智能传感节点的网络化通用性检测系统，该系统由快速处理芯片、通用性接口、智能化信息处理软件、跨平台数据交换技术和实时数据库的支持（由于篇幅限制，仅论述其中的几个关键点）。在此基础上，开展多传感信息预处理、自校正技术、动态预测补偿和网络化协同技术等在工业生产过程中的初步应用试验。

7.1 用于多传感网络化检测模型的嵌入式智能传感节点

结合检测通用化、智能化和网络化要求和第 2 章的建模设计方法，设计了如图 7-1 所示的一种基于嵌入式智能传感节点的多传感信息网络化检测模型，模型分节点、现场、远程等三层检测层。其中节点检测层由 n 个网络化智能检测节点（包括现场传感器和嵌入式智能检测节点）组成，它可在底层现场进行信息传感、数据采集及处理，实现对传感器现场管理、生产环节中各设备参数的实时检测，并将测量数据在节点上显示和传送到以太网接口，由以太网接口控制器将接收的数据进行 TCP 数据打包、发送；在现场检测层，通过现场以太网接收来自智能检测节点的数据，进行现场检测；远程监控层则是利用企业内部路由器与当前商业以太网连接，将测量数据传送到 WEB 服务器中，实现 Internet 远程监测以及企业级决策，并可将决策形成的检测策略信息向下传送到智能传感节点。

从网络化检测系统模型结构可知，嵌入式智能检测节点和基于网络的检测平台是检测系统的核心部分。其中，嵌入式智能检测节点可向下执行传感信息的检测与在线信息处理，向上执行管理层通信，由网络测控平台利用现有商业

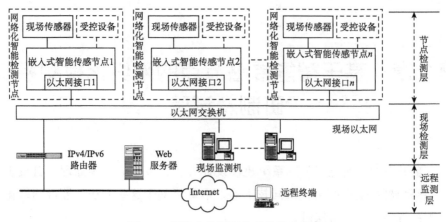

图 7-1　网络化检测系统总体结构模型

化网络实现远程人机交互操作与监测任务。模型通过此分层、模块化的结构，实现了模型在使用上的通用性，数据检测上的智能化与网络化，同时便于多层协同机制的实现。

7.1.1　嵌入式智能检测节点硬件设计

为使嵌入式智能检测节点有足够的实时数字处理能力，完成采集、预处理、解耦与校正运算，设计如图 7-2 所示的智能检测节点硬件整体结构图，它由 DSP 模块（包括传感信息通用接口检测电路、DSP 数据采集与处理芯片、混合信号 I/O 控制模块和键盘模块）、ARM 模块（包括 ARM9 处理芯片、以太网通信模块、现场 USB&CF 通信模块、存储模块和 LCD 显示模块）和电源模块组成。

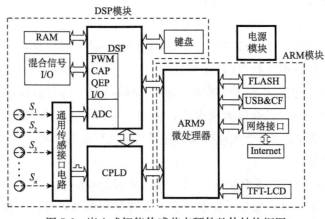

图 7-2　嵌入式智能传感节点硬件整体结构框图

图 7-2 中，传感信号 S_i（$i=1$，2，$\cdots$，n）检测后，送到 DSP 通用传感接口电路调理后，输出至 DSP 板，由 DSP 信息处理软件结合键盘输入参数进行信息预处理、信息解耦和预测补偿，同时将计算结果传给 ARM 板进行存储、显示和通信，由 ARM 模块通过以太网实现网络化检测。下面介绍 DSP 通用传感接口、ARM 网络化通信两个核心模块设计。

1. DSP 通用传感接口模块

嵌入式智能检测节点选择美国得克萨斯州仪器（TI）的 TMS320LF2812 作为 DSP 模块主控芯片。该芯片具有运行速度快、通用性和扩展性好等特点，能够满足大多数工业环境下的传感信息检测要求。

图 7-3 为基于 DSP 芯片的通用传感接口电路结构模型。该模型将所有传感器输出信号就地进行频率化，使用测频测周方法对传感信息进行检测，最后通过通道选择与光电耦合模块传输到 DSP 中。采用频率化信息检测方式有以下优点[132]：①频率信号适合于远距离测量和传输；②频率信号在传输过程中抗干扰能力强。

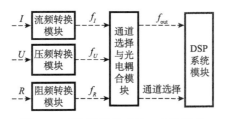

图 7-3　DSP 通用传感接口电路模型

目前传感器输出信号大多为电流、电压和电阻。其中电流型传感器的电流输出多为 4～20 mA，设计时接一个适当电阻即可实现电流、电压间的转化，因此本书将主要进行电压-频率（V-f）和电阻-频率（R-f）转换电路的设计。

电压-频率（V-f）转换电路：电压-频率（V-f）转换电路采用精密 V-f 转换集成芯片 LM331 设计。LM331 具有动态测量范围宽、线性度好、变换准确度高等优点，容易保证转换准确度。图 7-4 为 LM331 频率转换电路原理图。

图中，LM331 的 1 脚是精密电流源输出端，它外接电阻 R_L 和电容 C_L；2 脚外接可调电阻 W_2 与 12k 电阻（组成 R_s），为芯片提供参考电流；3 脚为转换脉冲频率输出；5 脚外接定时电阻 R_t 和定时电容 C_t，组成芯片内部单稳定时电

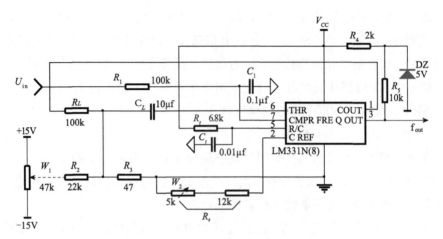

图 7-4 电压-频率（V-f）转换电路原理图

路的定时元件；6 脚为阈值电压，它与 7 脚输入电压 U_{in} 比较，并根据比较结果启动内部单稳定时电路；7 脚为转换电压 U_{in} 输入端。当 6，7 脚的 R_C 时间常数匹配时，LM331 第 3 脚的转换输出频率可由式（7-1）计算，从而完成频率转换。

$$f_{out} = R_s \times U_{in}/(2.09 R_L \times R_t \times C_t) \tag{7-1}$$

电阻-频率（R-f）转换电路：对阻型传感器输出信号进行频率化的方式，主要由 555 定时器构成的振荡模块电路组成，如图 7-5 所示。图中 R_x 为热敏电阻，则振荡电路频率输出为

$$f = 1/(0.693 \times (R_3 + 2 \times R_x) \times C_2) \tag{7-2}$$

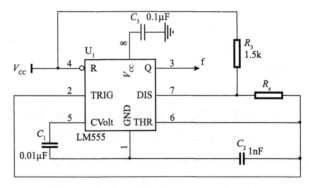

图 7-5 电阻-频率（R-f）信号转换电路图

故当电阻 R_3 和电容 C_2 确定，传感器热敏电阻 R_x 的变化即可转换为频率 f 的变化。

2. ARM 网络化通信模块

网络化通信模块选用 S3C4510B 微机处理器[133]，该 CPU 采用通用 32 位 ARM7TDMI 微处理核，整个内核框架基于 RISC（Reduced Instruction Set Computer）规则，架构指令简洁高效，利用内核嵌入式的微型因特网互联技术，实现网络化通信编程。

从硬件角度分析，以太网接口电路主要由媒体介质访问控制器（Media Access Control，MAC）和物理层接口（Physical Layer，PHY）两部分构成。利用 S3C4510B 内嵌的以太网控制器、媒体独立接口 MII（Media Independent Interface）和带缓冲 DMA（Direct Memory Access）接口，在外围电路接一片物理层芯片提供以太网接入通道，即可实现在全双工模式下 10M/100Mbps 的以太网通信。

图 7-6 为设计的网络通信接口示意图，该网络通信接口将 S3C4510B 与 Intel 公司集成的物理层通信芯片 LXT971 连接，构成符合 IEEE802.3 MAC 控制层协议标准的 10/100Mb 双绞线通信应用，并由网络隔离变压器 H1102 和 RJ45 接口组成网络信号的发送和接收端，提高通信的稳定性。

图 7-6　网络通信接口示意图

图 7-7 为 S3C4510B 与 LXT971 的接口电路示意图。按照网络标准接口规则，将控制线对应相连，同时将 TxSLEW0 与 TxSLEW1 接地，使 LXT971 信号响应速率达到最大值 2.5ns，使用时通过 MII 接口初始化 LXT971，即可使以太网接口工作在 100M/s 状态，实现检测数据的快速通信。

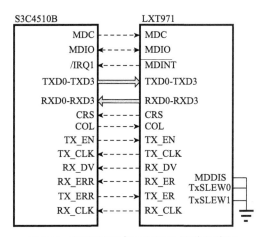

图 7-7　S3C4510B 与 LXT971 连接示意图

7.1.2　DSP 信息处理与 ARM 网络通信实现

根据网络化检测系统模型中嵌入式智能检测节点的功能，设计如图 7-8 所示的嵌入式智能检测节点软件结构，由 DSP 信息处理软件（包括预处理单元与在线检测、处理单元）和 ARM 软件平台两部分构成。其中预处理单元是 DSP 在线检测、处理的基础，用于完成智能检测节点实验标定、信息预处理和分辨级计算，达到系统降维、获得自变量尺度的目的；DSP 在线检测、处理单元主要实现传感器管理、数据采集、解耦计算和预测补偿等；ARM 软件平台由嵌入实时操作系统 uClinux 实现，用于外部存储、显示、USB 和远程网络通信等。

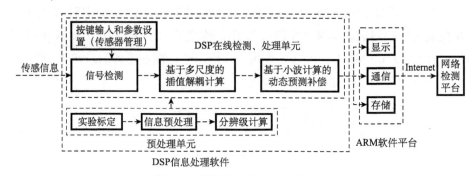

图 7-8　智能传感节点软件结构图

1. DSP 信息处理

DSP 信息处理软件选用 TI 公司 DSP 集成开发环境开发，其开发环境可通过 C 语言程序直接操作 DSP 硬件与接口[134]，进行程序设计。

图 7-9 为 DSP 信息处理软件流程。DSP 系统在完成初始化后，可通过按键中断程序进行通道与参数设置，完成对传感器通道数、传感器类型参数和延迟时间参数设置等操作，也可由中断程序对传感系统进行标定，用基于多项式外模型-内模型 NPLS 预处理方法进行预处理计算，用基于多尺度逼近的多传感信息尺度特征估计方法计算各传感信息尺度，用于解耦计算。智能检测节点在完成通道及参数设置、传感信息标定、预处理与分辨级计算后，就可进行传感信息检测与信息处理。

DSP 在进行传感信息处理时，先对耦合传感信息进行多尺度插值解耦自校正计算，然后对解耦后的传感信息进行动态预测补偿，将处理后结果通过 DSP 通信模块传输到 ARM 软件系统中。

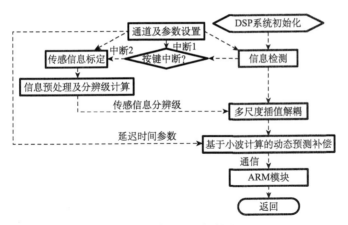

图 7-9　DSP 信息处理软件流程图

2. ARM 网络通信

智能检测节点 ARM 软件平台架构如图 7-10 所示，在实时操作系统 uClinux 2.4 上开发而成。uClinux 带有一个完整的 TCP/IP 协议，同时支持许多其他网络协议，对于嵌入式系统来说是一个完备操作系统[135]。在开发应用中，可直接从网上（http：//www. uclinux. org /pub/uclinux）下载最新的内核源代码，然后根据具体硬件平台做相应地修改。下面针对图 7-6 所示的 ARM 网络化通信硬件模块，讨论以太网通信软件的开发技术。

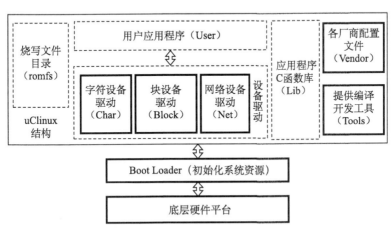

图 7-10　ARM 软件平台架构

LXT971 以太网卡是按照标准接口建立的硬件结构，选择操作系统中与该网卡相兼容的驱动程序进行相关修改就可在上面进行网络编程运用。在 uClinux 操作系统中，对任何一个设备的存取都如同对文件操作一样，即把每一个设备都当作一个特殊文件对待。uClinux 内核对设备的操作是通过文件接口来实现，因此只要特定设备驱动程序支持这一抽象的文件接口，就可像文件操作一样对硬件设备进行修改与添加。在本系统中，相关的网络设备驱动文件为 uClinux \ linux-2. 4. x \ drivers \ net \ fec. c。

在 fec. c 中的 fec＿probe 函数定义网卡基地址和中断号等，基地址和中断号在配置内核时定义：

```
dev->base＿addr ＝ base＿addr ＝lxt971＿base＿addr;  //定义网卡基地址
dev->irq ＝lxt971＿irq;  //定义中断号
```

根据 S3C4510B 编址规则，针对 LXT971 特殊寄存器地址偏移修改中的地址不连续增长问题，修改 fec. c 中的 fec＿probe1 代码，然后配置网卡物理地址，并注册中断：

```
＃define arm＿lxt971＿cmd? ?0x00
＃define arm＿lxt971＿io＿extent ? 0x40
```

在整体框架情况下，针对性地进行上述改动，实现 LXT971 在 uClinux 平台上驱动移植。

为使检测网络变得更加可靠、安全，满足检测网络未来发展要求，本书将 IPv6 技术引入检测领域，利用 uClinux 2.4 操作系统自带的 IPv6 模块，运行 Insmod Ipv6 加载到内核中，申请和配置完 IP 地址，便可利用 Socket 进行相关网络编程。

IPv6 网络通信软件流程如图 7-11 所示。在服务器端（ARM 系统）和客户端均创建一个 Socket 对象，并加载 IPv6 协议。服务器端设置相关参数和服务地址，用 Bind（ ）指令将套接字绑定在一个端口上，并使用 Listen（ ）在侦听中等待，客户端根据 IPv6 在数据包中增加的业务等级（Traffic Class）和流标签（Flow Label）两个域设置相应的数据属性和优先级，并发送 Connect 指令请求服务器连接。服务器端收到请求后，同意接收数据，用 Accept 指令链接客户端。客户端就可用 send 指令向服务器端发送数据，服务器端接收完指令后，进行相关数据处理，并返回一个响应信号指令。当客户端接收到这个响应信号后，表明通信成功，如果仍有其他服务请求，则重复前面的通信流程；如果没有其他服务请求，则关闭 Socket，在操作系统中结束进程，完成基于 IPv6 的网络通信。

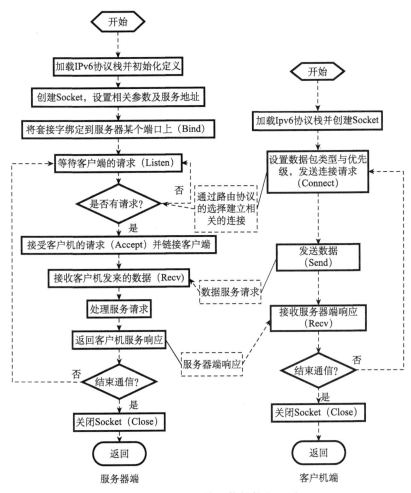

图 7-11　IPv6 网络通信软件流程图

7.2　基于 C/S 模式的网络检测平台

　　由于智能传感节点构成在网络检测平台协同工作，那么还有必要讨论检测网络平台的工作模式。

　　本网络检测平台基于 Client/Server（C/S）模式、选用 JSP 开发，实现系统远程监控及数据大范围共享，在线提供现场各项参数实时数据和历史数据，为身处异地的管理者或专家决策提供数据支持，可实现 6.3.4 小节基于协同测量机理模型多层次决策的应用。网络检测平台由 WEB 服务器、检测数据库服务器以及远程监控台组成（图 7-12）。

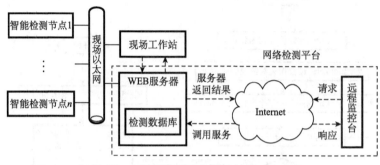

图 7-12　网络检测平台物理结构示意图

　　网络检测平台 WEB 服务器采用目前广泛使用的 Tomcat6.0，后台数据库采用 SQL Server 关系数据库，JSP 与后台数据库的连接方式采用 JDBC-ODBC（Java DataBase Connection-Open DataBase Connectivity）桥。由于 JSP 具备Java 技术的简单易用、完全面向对象、具有平台无关及安全可靠的特点，使用 JSP 开发的网络检测平台具有良好扩展性、安全性及系统兼容性。这里还需说明：图 7-12 中，虽然给每个现场智能检测节点赋予一个 IPv6 地址（采用 IPv6 协议栈），但由于目前整个互联网络仍使用 IPv4 协议，而且还将在很长一段时间内存在，故在现场检测层及远程监测层、网络检测平台仍使用 IPv4 协议，实现 IPv4/IPv6 共存。

　　下面讨论网络检测平台的软件结构与运行机制、基于 XML 的跨平台数据交换技术、基于 XML 数据的检测平台实时数据库技术等几个关键技术的解决方法。

7.2.1　网络检测平台的软件结构与运行机制

　　网络检测平台应具备如下功能：①远程终端可通过浏览器在线监测现场生产中各实时参数，查询各参数历史检测数据，为管理者、专家提供基于知识决策的数据支持；②远程终端可利用浏览器用户界面向现场检测系统发布各检测策略和进行基于协同测量机理模型的多层次决策，直接进行检测现场干预；③检测平台具有可扩展性，能根据各种不同应用环境，扩展相应功能模块。据此设计网络检测平台软件结构如图 7-13 所示。平台有实时检测数据、历史数据查询、检测策略发布和协同决策等 4 个功能模块，它们通过实时内核模块进行检测数据、策略和决策信息的路由交换。

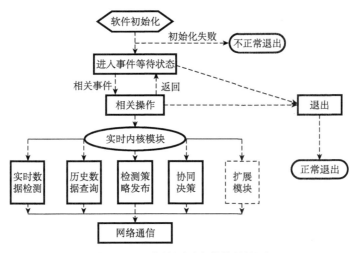

图 7-13　网络检测平台软件结构图

实时内核模块为网络检测平台软件核心，其工作流程如图 7-14 所示。实时
内核模块启动时，读取上次软件退出时留下的策略方案文件，对存放系统运行
状态的实时数据库进行初始化，分析策略方案得到系统中所有智能检测节点的
IP 地址，通知所有智能检测节点实时内核软件已经就绪，智能检测节点主动向
实时内核软件发送其管理传感器的状态；并向监测终端发送初始化信息，通知
监测终端实时内核软件已经就绪，从而完成实时内核模块的初始化过程，转入
正常工作阶段（实现实时数据检测、历史数据查询、策略发布和交流决策等）。

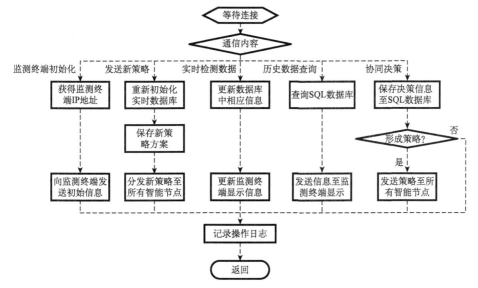

图 7-14　实时内核模块工作流程图

7.2.2 基于 XML 的跨平台数据交换技术

网络化检测环境各个检测数据结构、运行平台差异性较大，有效实现无障碍的跨平台数据交换是网络化检测系统的一个关键内容。XML（eXtensible Markup Language）是一种简单数据存储语言，是 Internet 环境中跨平台、依赖于内容的技术[136-138]，为此选用其作为检测系统跨平台数据交换方式。

在图 7-15 的基于 XML 数据交换流程图中，检测平台 XML 数据交换分为现场传感节点层、核心模块层、远程监测层三个模块层。在现场节点传感层，各智能传感节点作为该层数据处理中心，直接与检测平台实时内核模块进行数据交换，并将检测数据由实时内核模块上传到检测平台数据库中，同时实时内核模块接收策略编辑模块发布的检测策略，经内核模块解释后传送到相应智能检测节点中。考虑现场传输的实时检测数据有时比较大，智能传感节点与智能传感节点、核心层模块与 WEB 服务器之间的 XML 数据均采用简单 Telnet 协议进行传输。

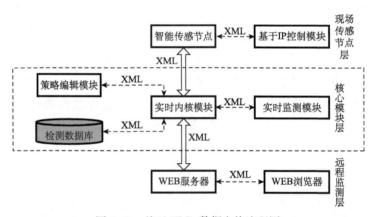

图 7-15 基于 XML 数据交换流程图

在核心模块层，实时内核模块为该层运作核心，策略编辑模块、实时监测模块与后台数据库通过实时内核模块实现数据交换。其中，策略编辑模块生成检测策略的 XML 数据传送到实时内核模块，实时监测模块从实时内核模块中获取监测参数；后台数据库系统则不断存储来自实时内核模块的检测数据，接收其查询指令并返回结果数据集，它们之间 XML 数据传输通过 JDBC-ODBC 的数据库连接方式实现。

在远程检测层，通过设置 WEB 服务器来实现对现场检测数据的远程监测。

WEB 服务器为远程检测层数据处理中心，接受来自远程网络浏览器的请求，经权限验证，将请求传送到实时内核模块进行处理，并将响应数据信息反馈回远程终端。该层的 XML 数据选择 Internet 上的 HTTP 协议传送。

为保证检测平台生成的 XML 数据文档在接收端进行解释的准确性和可靠性，需通过 XML 数据建模，构造整个检测平台数据结构框架，实现 XML 文档结构和系统行为的统一。在检测平台设计中，利用 UML（Unified Modeling Language）图形化技术进行 XML 数据建模。XML 数据建模过程如图 7-16 所示，它先用 UML 对系统业务模型进行需求细化，得出 UML 用例图（概念建模），进一步基于 UML 类图数据模型明晰所包含的框架内容，同时通过 UML 对象模型与 XML Schema 的映射，确定 XML Schema 对象逻辑关系，依据映射原则，最终得出系统的 XML Schema 结构，并以此作为 XML 文档验证与生成模板，生成 XML 文档，从而完成 XML 数据建模工作。

图 7-16　XML 检测数据建模过程

针对检测平台中的各种数据，按照数据的 XML 建模方法将其创建为一个类。例如，对测量数据可先按 UML 建模方法创建 XML 文档，然后为它创建一个类，如图 7-17 所示。图中，Data 表示测量数据类型，如"温度"；Value 表示测量类型值；Time 表示测量时间；Warnvalue（）为超限警报设置值。数据封装后，就可将其存入数据库中。

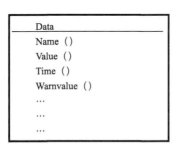

图 7-17　基于 XML 的测量数据类创建

7.2.3　基于 XML 数据的检测平台实时数据库技术

考虑到检测平台无时无刻都在进行现场检测数据采集、检测策略发布和基于 XML 的跨平台数据交换，故对于平台数据库需进行以下两个工作：①实时数据库设计；②XML 数据存储与发布技术。

实时数据库主要完成实时检测数据存储与查询、检测策略存储与发布、通信数据管理、历史数据查询等，如果直接将 SQL Server 用来处理实时数据，将会产生大量 I/O 操作造成系统长时间的等待以及执行时间不可预测等问题[139]。为能实现实时监测数据的存储管理并充分发挥商用数据库管理数据的优势，本书设计如图 7-18 所示的实时数据库解决方案。

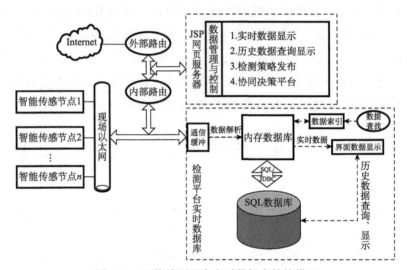

图 7-18　网络检测平台实时数据库结构模型

实时数据库方案采用物理内存作为实时数据库的内存数据库，直接在内存中完成对实时检测数据的存储、管理，同时使用 SQL Server 数据库来管理历史数据（包括检测数据、策略和交流决策信息等），内存数据库和外存数据库（SQL 数据库）之间采用 SQL 语言和 JDBC 接口进行互连；外存数据库 SQL Server 与内存数据库相结合的方法，充分利用成熟传统数据库技术，方便管理，又保证数据的时效性的共享性、安全性、完整性、时显性；实时数据库的 JSP 网页服务器则采用前面所述的 JDBC-ODBC 技术与数据库连接，实现数据的远程显示、历史数据查询、检测策略发布和交流决策等。

网络检测平台用 SQL Server 数据库实现了大批检测数据、策略和交流决策信息的集中存储与处理。在应用中，通过 OPEN-XML 和 FOR XML 实现 XML 数据在 SQL Server 数据库中的存储与发布[140]，构建一种良好数据共享及开放的平台。

SQL Server 的 OPEN-XML 函数语法如下所示：

OPENXML(<XML document handler>,<path pattern>,<flags>)with (Schema | Table)

主要分三步进行 XML 文档处理：①利用存储过程 sp＿xml＿preparedocument 将 XML 文档转换成数据内部的 DOM 表示，此时得到 XML document handler；②使用与 XML 基本元素相联系的模式来创建一个新 XML Schema，此时表的字段名与 XML 名相同；③用存储过程 sp＿xml＿removedocument 将一个转换好的 XML 文档从内存中除去以释放存储空间，完成对 XML 文档的数据库存储操作。

SQL Server 对存储的 XML 数据向外发布通过 FOR XML 实现，其语法为

SELECT FROM WHERE ORDER BY FOR XML (Raw | Auto [,ELEMENTS] | Explicit)

通过指定的 3 种模式 Raw，Auto 和 Explicit 之一，可以返回具有一定样式信息的数据。

以上是用于多传感网络化检测模型的嵌入式智能传感节点、基于 C/S 模式的网络检测平台研制以及数据交换与协同决策的实现，为下面开展多传感信息预处理、自校正技术、动态预测补偿等的实验，提供比较好的硬件及软件基础。

7.3 在流程工业生产过程中的初步应用

流程工业在制造产业中占据重要的地位[141]，乙醇生产是典型流程工业，其产品乙醇是化学工业、医药卫生事业、饮料酒工业和能源应用领域的重要原料。对乙醇生产过程中浓度的在线检测，将可进行工艺优化控制，降低生产排放物中乙醇含量、节省原材料、提高生产效率。发酵与精馏是在乙醇工业生产过程中，两个需要液态乙醇浓度在线监测的关键生产环节。下面将基于上述研制的网络化检测系统，开展多传感信息建模与动态校正技术理论方法，在乙醇发酵与精馏生产环节中的实际应用试验。

7.3.1 乙醇在线检测传感模式与试验装置

目前国内外对液态乙醇浓度在线检测的传感模式主要有：①基于敏感电极的模式；②基于光声学原理的模式；③基于气液相平衡的模式。其中气液相平衡模式根据乙醇溶液气液相平衡关系，由气敏探头探测乙醇气态浓度，来推算液态乙醇浓度。该方法具有成本低、信号容易转换、气敏元件基础理论研究比

较充分的特点[141]，并且近年来对该类传感器的研究和应用都有不同程度的深入，如传感器阵列、多层传感器的提出和应用等，就充分利用了该类传感器易操控和稳定性特点，极大地提高了传感检测的准确度。

由气液相平衡传感模式特点及其应用发展看，基于气液相平衡的传感模式是较理想选择。但利用气敏传感器进行在线检测，必须克服：①单一气敏传感器的选择性差问题；②传感信息耦合问题；③响应滞后问题。因此，工业生产过程中液态乙醇的在线检测是一个典型多传感信息系统，具有代表性。下面选用精馏塔来模拟复杂燃料乙醇、食用酒、酒精、酵母工业以及溶剂生产的操作单元过程。根据应用要求，搭建的试验系统如图 7-19 所示。

图 7-19　试验设备与智能检测装置

图中，精馏塔为试验环境模拟发生装置，塔釜装有 6 根功率为 2kW 的电加热棒，由控制箱进行精确的温度控制，并且塔釜中液体组分可通过添加、稀释的方式改变，从而可模拟不同温度、浓度的发酵液及其气液平衡过程。精馏塔塔身由保温良好内径为 50mm 的玻璃钢填料塔组成，上有传感器插入接口，用于实现在线检测，并且塔顶、各层塔身、塔釜有取样口，可分别取液相物料进行分析。同时，为了满足在线网络化检测的要求，提供了 5 个智能检测节点供实验使用。

在试验试剂选择方面，为模拟气液转换环境，组成乙醇-水体系，选择乙醇纯度为 99.5%，水溶剂选用一般蒸馏水，并选择甲醇、正丙醇来模拟发酵液中常见的微量杂质元素。乙醇浓度检测结果的对比分析由日本岛津公司生产的

GC-9A 气相色谱仪实现，它配有 C-R3A 色谱数据处理机，使用热导池检测器进行检测；GC-9A 气相色谱仪的色谱柱为天津化学试剂二厂生产的 GDX-102 担体玻璃柱。

经过对应用环境的分析，确定传感系统试验所用试剂与装置，如表 7-1 所示。

表 7-1　试验试剂与装置列表

名称	数量	生产厂家	备注
精馏塔及附属结构	1	常州市常顺精细化学品有限公司	
乙醇气敏传感器	15	FIGARO 公司	TGS2620
压力计	1	常州瑞明仪器	LX036
湿度传感器	1	西安维纳仪器	CHR-01
热敏电阻	1	德国 HERAEUS	NTC 型
智能传感检测装置	5	自制	嵌入式智能检测节点
乙醇	1L	杭州长征化工	
甲醇	1L	衢州化工	
正丙醇	1L	衢州化工	
蒸馏水	1L	大峡谷蒸馏水	
气相色谱仪	1	日本岛津化工	GC-9A

7.3.2　在发酵过程中的检测试验与初步应用

1. 智能检测节点标定与 PLS 信息预处理

温度、湿度和挥发性杂质元素等是影响发酵液乙醇浓度检测的主要因素，下面研究在不同温度下挥发性杂质元素对乙醇传感器的影响。根据均匀试验方法，先取如表 7-2 所示的 2 因素 5 水平进行实验（杂质元素甲醇和正丙醇按照一定比例少量加入即可）。其中乙醇传感器的液态乙醇浓度检测范围为 $100\sim70000\text{mg/L}$，发酵液的温度范围为 $25\sim39℃$。

表 7-2　试验因素和水平的设定

水平	乙醇浓度/（mg/L）	塔底温度/℃
1	100～5000	25～27
2	5100～10000	28～30
3	10100～30000	31～33
4	30100～50000	34～36
5	50100～70000	37～39

依据表 7-2 安排实验，获得 2 组实验数据，如表 7-3 所示。表中，仅用气相

色谱仪检测气体乙醇浓度。

表 7-3 实验数据

次数	液态乙醇 浓度 x_1/(mg/L)	塔底温度 x_2/℃	液态甲醇 浓度 x_3/(mg/L)	液态正丙醇 浓度 x_4/(mg/L)	气体乙醇 浓度 x_5/ppm	乙醇传感信息 频率 y/Hz
1-1	100	27	2	2	19.2	329.0
1-2	10000	35	200	200	2 605.9	18483.5
1-3	30000	25	600	600	4367.8	36428.0
1-4	50000	33	1000	1000	11233.1	86438.8
1-5	70000	38	1400	1400	19307.6	154538.7
2-1	5000	28	100	100	902.8	7435.0
2-2	8000	34	160	160	2002.1	14205.3
2-3	20000	27	400	400	3595.7	25142.9
2-4	40000	36	800	800	10837.8	83827.2
2-5	60000	39	1200	1200	14767.6	120127.6

选择气体乙醇浓度 x_5、液态甲醇浓度 x_3、液态正丙醇浓度 x_4、塔底温度 x_2 为自变量，与因变量乙醇传感信息频率 y 进行 PLS 回归分析。经计算得到各变量的 PLS 回归方程为

$$y = -3004 + 114.74x_2 + 0.2572x_3 + 0.2572x_4 + 7.9481x_5 \qquad (7\text{-}3)$$

进行变量筛选，计算得到 PLS 模型的 VIP 指标直方图如图 7-20 所示，综合 PLS 回归系数和 VIP 指标，选择 x_3，x_4 作为筛选变量，变量筛选后模型的拟合误差变化 ΔE_l 满足变量筛选准则，并且筛选后 PLS 模型的 CR 值为 0.9025，与筛选前模型的 CR 值 0.9219 相比，变化不大，故将 x_3，x_4 筛选掉。

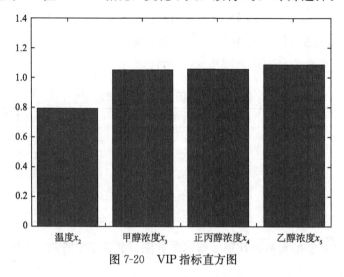

图 7-20 VIP 指标直方图

采用基于 PLS 的均匀试验设计方法进行试验设计，确定各因素水平。对于气体乙醇浓度，c_5 取 1，对于温度取 c_2 为 1.5，并对系数 a_2 与 a_5 进行归一化计算，然后根据式（3-18）计算：

$$T_2 = c_2 a_2 s_2 = 1.5 \times 0.8524 \times 14 = 17.9004 \tag{7-4}$$

$$T_5 = c_5 a_5 s_5 = 1 \times 0.1476 \times 69900 = 10317.24 \tag{7-5}$$

分别取步长 $\eta_2 = 5$，$\eta_5 = 1000$，求得 $L_2 = 3$，$L_5 = 10$，那么取 12 水平进行拟水平均匀试验设计。发酵液的温度范围较窄，取温度为 3 个水平，分别为 25℃，30℃，35℃；相应的乙醇浓度取为 12 个水平，并取湿度水平与温度相同，分别取为 35%RH，65%RH 和 95%RH，可得到如表 7-4 所示的标定实验数据。按照类似方法对湿度和温度传感器进行标定，所得标定实验数据，如表 7-5 所示。

表 7-4　乙醇传感器标定数据

温度/℃	液相/（mg/L）	湿度/%RH	气相/ppm	频率/Hz
25	100.0	65	15.10	262.8
	500.0	95	76.13	738.3
	1000.0	35	151.10	1266.5
	5000.0	65	751.70	5825.9
	7000.0	95	1049.15	8176.2
	10000.0	35	1493.91	11379.6
	20000.0	95	2948.53	23189.5
	30000.0	35	4359.86	34461.7
	40000.0	65	5749.42	45983.6
	50000.0	95	7093.68	58345.5
	60000.0	35	8403.54	69145.2
	70000.0	65	9675.93	81857.8
30	100.0	65	20.25	398.9
	500.0	95	100.11	1038.6
	1000.0	35	202.05	1765.5
	5000.0	65	1004.63	7924.8
	7000.0	95	1570.61	12402.5
	10000.0	35	1896.52	14604.1
	20000.0	95	4731.36	38562.5
	30000.0	35	7683.21	63272.9
	40000.0	65	8642.65	72814.3
	50000.0	95	9480.46	81639.1
	60000.0	35	11587.03	99029.7
	70000.0	65	12931.45	1.1336×10^5

续表

温度/℃	液相/（mg/L）	湿度/%RH	气相/ppm	频率/Hz
35	100.0	65	26.51	573.0
	500.0	95	133.10	1417.3
	1000.0	35	264.20	2349.5
	5000.0	65	1314.33	10479.1
	7000.0	95	1834.20	14792.7
	10000.0	35	2620.75	20633.9
	20000.0	95	5154.94	42638.3
	30000.0	35	7636.32	63403.6
	40000.0	65	10052.07	86581.2
	50000.0	95	12402.04	1.1107×10^5
	60000.0	35	14892.27	1.3385×10^5
	70000.0	65	16916.68	1.5675×10^5

表 7-5　温湿度传感器标定数据

温度 25℃ 5683.7Hz		温度 30℃ 6862.0Hz		温度 35℃ 8156.1Hz	
湿度/RH%	频率/Hz	湿度/RH%	频率/Hz	湿度/RH%	频率/Hz
35%	115.6	35%	193.2	35%	263.3
65%	683.2	65%	764.5	65%	832.7
95%	1142.8	95%	1228.5	95%	1301.2

在上述标定数据基础上，采用多传感信息尺度特征估计方法，可求得温度、湿度和气态乙醇浓度传感信息的分辨级分别为 2^{-3}，2^{-4}，2^{-5}，并用分辨阈值选取算法，得到初始分辨阈值 $\delta = 2^{-4}$。并且由智能检测节点的应用需求与相应传感器件特性，对乙醇气敏传感器进行 4 步预测补偿。

2. 传感信息解耦与动态补偿方法试验

由智能传感节点实验标定与 PLS 信息预处理，可得到智能传感节点建模用的实验数据，在此基础上，开展解耦与动态预测补偿方法在发酵液乙醇浓度检测中的应用试验。

配置一定浓度的发酵液，置于反应塔釜内。将乙醇气敏传感器、湿敏传感器、温度传感器装在釜顶的传感器安装接口处，采用点滴装置逐步地添加乙醇和提高温度进行实时测量，并取其中的 36 个样本点，用色谱仪分析它的气态乙醇浓度，得到的气、液相原始浓度数据如表 7-6 所示。

表 7-6　气、液相乙醇浓度原始数据

液相浓度/(mg/L)	100.0	500.0	1000.0	5000.0	10000.0	12000.0	14000.0	16000.0	18000.0
气相浓度/ppm	15.10	76.13	151.05	789.06	1594.45	1921.98	2613.12	3034.87	3469.75
液相浓度/(mg/L)	20000.0	22000.0	24000.0	26000.0	28000.0	30000.0	32000.0	34000.0	36000.0
气相浓度/ppm	3917.80	4379.10	6151.23	6741.69	7252.24	7680.26	8034.50	8120.21	8257.45
液相浓度/(mg/L)	38000.0	40000.0	42000.0	44000.0	46000.0	48000.0	50000.0	52000.0	54000.0
气相浓度/ppm	8477.43	8710.15	8955.67	9660.00	9980.71	10310.05	10649.00	10997.08	12010.19
液相浓度/(mg/L)	56000.0	58000.0	60000.0	62000.0	64000.0	66000.0	68000.0	69000.0	70000.0
气相浓度/ppm	12406.65	12808.37	13214.78	13626.49	15758.36	16163.85	16549.00	16735.13	16917.30

为提高检测准确度、可靠性，系统采用 3 个乙醇传感器对液态乙醇溶液进行在线测量，测得 3 组乙醇气相浓度频率曲线，如图 7-21（a），（b）和（c）所示。对乙醇气相浓度频率检测值进行解耦信息处理，结果如图 7-22 所示。其中，

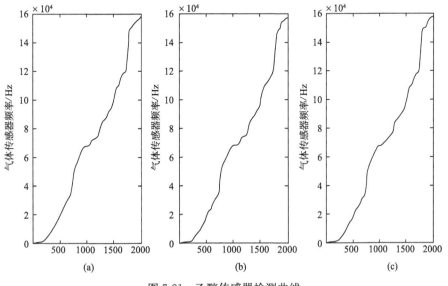

图 7-21　乙醇传感器检测曲线

图 7-22（a），（b）与（c）为各气敏传感器的解耦曲线，各气体乙醇传感器的最大解耦检测误差如表 7-7 所示，分别为±0.732%，±0.601%，±0.719%，解耦时间为 30.6ms。多传感信息解耦信息利用最小二乘融合方法进行融合后，最大检测误差为±0.596%，提高了检测准确度。

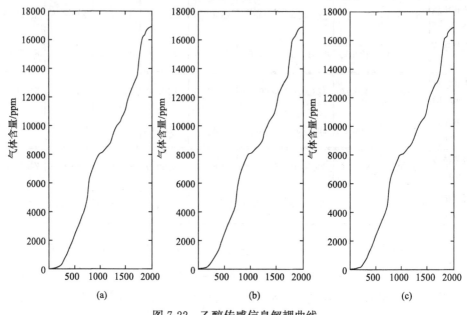

图 7-22　乙醇传感信息解耦曲线

表 7-7　各信息处理过程的准确度

	传感器 1 解耦值	传感器 2 解耦值	传感器 3 解耦值	最小二乘 融合值	液态乙醇浓度 计算值
最大相对误差	±0.732%	±0.601%	±0.719%	±0.596%	±1.486%

由前面计算得到的乙醇气敏传感信息分辨级可知，在进行传感信息动态预测补偿时，需对气敏传感信息进行 5 尺度的在线小波分解。图 7-23（a）为对气敏传感器解耦信号融合后，得到的气体乙醇预测补偿曲线。

依据图 7-23（a）的预测补偿曲线，获得 36 个样本点的气相乙醇浓度检测计算数据，如表 7-8 所示。利用气液平衡机理模型进行计算[141]，可得到相应的液相乙醇浓度曲线，如图 7-23（b）所示，并可相应获得 36 个样本点的液态乙醇浓度检测计算值（表 7-8），其最大检测误差为±1.486%，这在该领域已经达到较高的准确度，满足液态乙醇浓度在线检测的准确度要求。

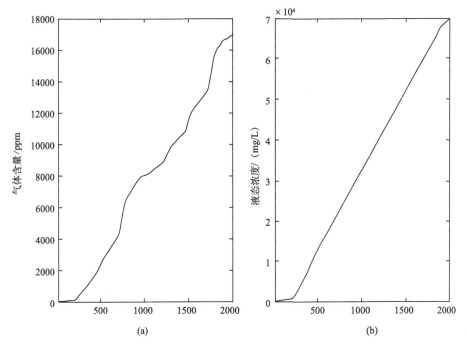

图 7-23　气体乙醇浓度预测补偿曲线与液态乙醇浓度曲线

表 7-8　气、液相乙醇浓度的检测计算数据及气相浓度检测响应时间

液相浓度 /(mg/L)	101.4	502.6	1002.2	4999.4	10092.0	12025.0	13895.3	15907.1	18090.0
气相浓度 /ppm	15.19	76.496	151.33	788.91	1594.8	1922.5	2612.80	3034.20	3469.60
传感响应 时间/s	1.2	0.7	1.1	0.6	0.9	1.0	0.7	0.6	1.0
液相浓度 /(mg/L)	20161.5	21995.2	24173.1	26083.5	27909.5	29898.5	31997.0	33917.5	35932.0
气相浓度 /ppm	3918.11	4378.89	6151.31	6742.35	7251.80	7679.69	8033.78	8119.40	8256.51
传感响应 时间/s	0.9	0.8	0.8	1.2	1.1	0.9	1.3	1.0	1.1
液相浓度 /(mg/L)	37868.0	40141.5	42094.8	44004.0	46073.8	48011.2	49899.5	52102.6	54204.7
气相浓度 /ppm	8476.79	8710.22	8956.10	9660.81	9981.34	10309.98	10649.01	10997.04	12011.68
传感响应 时间/s	0.9	0.8	0.7	1.0	1.0	1.0	1.1	0.8	0.9

续表

液相浓度 /(mg/L)	56302.6	58393.0	60403.5	62104.9	64504.6	66603.7	68201.9	68900.2	69794.8
气相浓度 /ppm	12407.13	12809.10	13215.15	13627.58	15759.05	16165.00	16549.10	16734.94	16915.89
传感响应 时间/s	0.9	1.2	1.3	1.1	1.2	1.0	0.9	0.7	0.8

从表 7-8 中，通过预测补偿后，传感器的响应速度从 20 多秒提升到 1.3 秒，系统具有良好的响应特性。

7.4　网络化检测初步应用与结果分析

经前面的实验标定、信息预处理及检测试验后，将网络化检测系统应用在广东省某酒厂的发酵车间。该车间有 11 个 10 吨的发酵罐，这为在发酵过程中进行基于网络的液态乙醇浓度在线检测调试与验证提供了有利条件。

网络检测系统的现场安装如图 7-24 所示，将传感器组从发酵罐的上盖观测孔放入，然后将其接入智能检测节点，各智能检测节点通过交换机接入网络，这样就可通过检测工作站实现对发酵罐内液态乙醇浓度的在线检测。现场检测工作站及其检测界面，如图 7-25 所示。

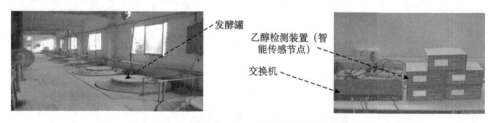

发酵罐

乙醇检测装置（智能传感节点）

交换机

图 7-24　网络化液态乙醇浓度检测安装图

（a）现场检测工作站

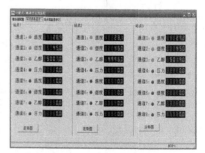

（b）工作站检测界面

图 7-25　现场工作站检测图

网络化检测系统由 WEB 服务器实时采集数据通过 Internet 进行发布，由浏览器远程监视现场乙醇生产中各实时参数、查询各参数的历史检测数据和进行策略数据的发布（分别见图 7-26（a），（b）和图 7-27）。

（a）实时监测页面

（b）历史查询页面

图 7-26　液态乙醇浓度远程实时监测与历史查询

图 7-27　液态乙醇浓度远程监测的策略发布

在现场，对 11 个不同发酵日期的发酵罐液（图 7-28）进行在线检测，并取样分析。虽然检测与取样不能完全同步，但通过快速冷却的降温措施可停止其发酵过程，可确保取出离线分析的发酵液乙醇浓度与现场检测的乙醇浓度保持一致。

图 7-28　发酵车间及发酵罐

取样后，对发酵液中乙醇浓度用气相色谱仪进行分析检测，其离线分析结果与网络化检测系统的现场检测结果对比，见表 7-9。从表 7-9 可看出，液态乙醇浓度最大检测误差为－1.9%，其检测误差比实验研究的检测误差要大，这是因为实际应用中，发酵液中还存在发酵酒糟与其他一些杂质成分的影响，导致其检测误差增大，但仍然具有较高检测准确度。

表 7-9　气相色谱仪与网络化乙醇浓度检测系统的检测结果对比

样本	酒精浓度（气相色谱仪）/（mg/L）	酒精浓度（网络化检测系统）/（mg/L）	相对误差/%
1	22405.3	22008.0	－1.8
2	18551.2	18837.6	1.5
3	15736.8	15622.4	－0.7
4	12113.2	12191.8	0.6
5	8212.7	8060.4	－1.9
6	6210.6	6232.4	0.4
7	5024.9	5007.6	－0.3
8	3202.2	3260.2	1.8
9	1103.1	1087.8	－1.4
10	746.1	738.0	－1.1
11	358.9	361.8	0.8

7.5　在精馏过程中的建模应用

精馏在乙醇工业中，主要用于实现乙醇溶液提纯。在乙醇精馏过程中，影响乙醇提纯浓度的因素很多，主要有精馏塔进料浓度、进料量、塔底温度、出料量、塔顶温度、溢流水温度等 6 个主要影响因素[142]，其中液态乙醇的进料、提纯浓度，可用智能检测节点检测。但要进行工艺改进、提高乙醇提纯效率，还必须理清乙醇提纯浓度与上述 6 个因素之间的关系，即进行非线性建模。由于上述各变量之间存在多重相关性问题，下面将开展基于多项式外模型-内模型 NPLS 预处理与建模方法在无水乙醇制备中的建模应用。

7.5.1　试验与 PLS 预处理

影响乙醇精馏提纯浓度的各因素中，只有进料浓度、进料量、塔底温度三个因素是可控的，而出料量、塔顶温度、溢流水温度三个因素不可控，所以在进行试验设计时，只对进料浓度、进料量、塔底温度三可控因素取 5 水平进行试验设计（表 7-10）。

表 7-10　初始试验因素和水平的设定

水平	进料浓度/%	进料量/（L/hr）	塔底温度/℃
1	94.5～94.7	2	76.8～77.5
2	94.7～94.9	3	77.5～78.2
3	94.9～95.1	4	78.2～78.8
4	95.1～95.3	5	78.8～79.4
5	95.3～95.5	6	79.4～80

根据确定的因素水平，逐步加入不同量与浓度的乙醇溶液，并控制精馏塔塔底温度，进行实验。对获得的实验数据利用 PLS 进行回归分析，计算得到 PLS 回归方程为

$$y = 70.4223 + 0.24287x_1 + 0.0048773x_2 + 0.044755x_3$$
$$+ 0.0040187x_4 - 0.017204x_5 + 0.057375x_6 \tag{7-6}$$

应用 PLS 变量筛选方法，可得进料量（x_2）和出料量（x_4）对于乙醇提纯浓度的影响非常小，所以筛选掉这两个变量。变量筛选后，利用基于 PLS 的均匀实验设计方法，对剩下的 2 个可控因素进行水平设计。其中对进料浓度 c_1 取为 1.2，对于塔底温度系数 c_3 取为 1.5，并取步长 η_1，η_3 分别为 0.1，0.2，可计算得到相应水平为 $L_1 = 10$，$L_3 = 4$。所以取进料浓度 10 个水平，塔底温度 5 个水平重新进行拟水平均匀试验设计。得到如表 7-11 所示的原始实验数据。

表 7-11　原始实验数据

次数	进料浓度 x_1/%	塔底温度 x_2/℃	塔顶温度 x_3/℃	溢流水温度 x_4/℃	乙醇浓度 y/%
1-1	94.53	77.9	64	55.9	99.15
1-2	94.68	78.5	64.3	56.7	99.28
1-3	94.75	79.7	64.8	57.5	99.41
1-4	94.83	77.3	63.6	55.3	99.07
1-5	94.97	77.8	63.9	56.1	99.13
1-6	95.06	79.2	64.6	57.2	99.33
1-7	95.14	79.8	64.9	57.8	99.03
1-8	95.27	77.4	63.7	55.2	99.42
1-9	95.36	78.5	64.3	56.4	99.26
1-10	95.47	79.2	64.6	57.1	99.38
2-1	94.57	77.6	63.9	55.7	99.11
2-2	94.64	78.6	64.3	56.3	99.26

次数	进料浓度 x_1/%	塔底温度 x_2/℃	塔顶温度 x_3/℃	溢流水温度 x_4/℃	乙醇浓度 y/%
2-3	94.79	79.8	64.9	57.8	99.44
2-4	94.86	77.1	63.7	55.5	99.13
2-5	94.93	77.9	64.1	55.7	99.14
2-6	95.07	79.2	64.6	57.3	99.38
2-7	95.12	79.7	65	57.4	99.43
2-8	95.26	77.2	63.6	55.6	99.09
2-9	95.34	78.6	64.3	56.7	99.24
2-10	95.48	79.3	64.7	57.2	99.35

7.5.2　多项式外模型-内模型 NPLS 建模应用

由表7-11的实验数据，利用多项式外模型-内模型 NPLS 方法进行精确建模，发现取 7 个主元时，能很好地表达乙醇精馏系统，可求到如下的回归模型：

$$y = 91.3029 - 0.022079x_1 + 0.019603x_2 + 0.026447x_3 + 0.00551x_4$$
$$- 3.713 \times 10^{-5}x_1^2 + 0.00020094x_1x_2 + 0.00018556x_1x_3 + 1.1705$$
$$\times 10^{-5}x_1x_4 + 2.2903 \times 10^{-5}x_2^2 + 0.0001836x_2x_3 + 1.1119 \times 10^{-5}x_2x_4$$
$$+ 0.00002031x_3^2 + 0.0002085x_3x_4 + 0.0001902x_4^2 \tag{7-7}$$

根据式（7-7），可得到模型的最大预测误差为 0.512%。模型散点图如图7-29所示，从图中可看出所有样本点均排列在对角线附近，预测效果好。

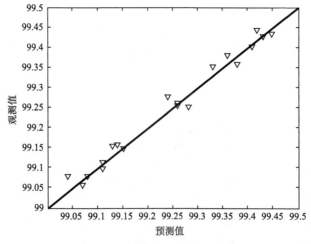

图 7-29　观测值/预测值散点图

7.6　本章小结

（1）结合检测通用化、智能化和网络化要求，设计一种基于嵌入式智能传感节点的网络化检测系统结构模型。嵌入式智能传感节点和网络检测平台是检测系统的核心，嵌入式智能检测节点可向下执行传感信息的检测与在线处理，向上执行管理层通信，由网络测控平台实现远程人机交互、协同操作与监测任务。系统通过分层、模块化的结构，实现使用上的通用性、数据检测上的智能化、网络化与多层次协同决策。

（2）研制用于多传感网络化检测的嵌入式智能传感节点。节点采用 DSP 和 ARM 微处理器为核心芯片，主要设计一种新型通用传感接口，将所有传感量转换为频率信号，通过 DSP 智能化信息处理软件的开发，实现传感器应用的通用性，提高信号的抗干扰能力；并由 ARM 的嵌入式微型因特网互联技术，进行网络化通信接口设计，并在 uClinux 操作系统中，引入 IPv6 通信模式，提高通信的安全性、可靠性和可扩展性。

（3）开展网络化检测平台设计。平台采用 C/S 工作模式，用 JSP 技术和 SQL Server 关系数据库开发。由实时内核模块进行检测数据、策略和决策信息的路由交换，并由基于 XML 数据跨平台交换模式，实现这些数据 XML 文档结构、系统行为的统一和数据跨平台交换；由物理内存作为内存数据库，直接在内存中完成对实时检测数据的存储、管理，提高存储效率，并由 XML 数据存储与发布技术，实现检测数据在 SQL Server 关系数据库中存储与查询，实现内存数据库与商用关系数据库的良好结合。

（4）开展在发酵液及乙醇精馏中的检测试验及初步应用。试验与应用结果表明，基于多项式外模型-内模型 NPLS 预处理与建模方法，可有效降低建模复杂性，所建模型能很好描述各参量之间的非线性关系，具有较好的通用性；应用传感信息解耦与动态预测补偿技术后，使基于嵌入式智能传感节点的网络化检测系统具有较高检测准确度和较好实时性能，可将研制的网络化检测系统推广到其他先进制造过程等场合。

参 考 文 献

[1] 刘桂雄. 基于 IEEE 1451 的智能传感器技术与应用 [M]. 北京：清华大学出版社，2012.

[2] Lee K B, Song E Y. Object-oriented application framework for IEEE 1451. 1 standard [J]. IEEE Transactions on Instrumentation and Measurement, 2005, 54 (4): 1527-1533.

[3] Sorribas J, Del R J, Trullols E, et al. A smart sensor architecture for marine sensor networks [C]. Piscataway, NJ 08855-1331, United States: Institute of Electrical and Electronics Engineers Computer Society, 2006.

[4] 张辉，翟红生. 基于 UML 建模的通用传感器测控系统开发 [J]. 微计算机信息，2007，(34): 147-149.

[5] Song E Y, Lee K B. Smart transducer Web services based on the IEEE 1451. 0 standard [C]. Piscataway, NJ 08855-1331, United States: Institute of Electrical and Electronics Engineers Inc. , 2007.

[6] Song E Y, Lee K B. STWS: A unified Web service for IEEE 1451 smart transducers [J]. IEEE Transactions on Instrumentation and Measurement, 2008, 57 (8): 1749-1756.

[7] Song E Y, Lee K B. Integration of IEEE 1451 smart transducers and OGC-SWE using STWS [J]. 2010 IEEE Sensors Applications Symposium (SAS 2010), 2010, 111 (4): 298-303.

[8] Wobschall D, Mupparaju S. Low-power wireless sensor with SNAP and IEEE 1451 protocol [J]. SAS 2008-Proceedings IEEE Sensors Applications Symposium, 2008: 225-227.

[9] 黄国健，刘桂雄，洪晓斌，等. IEEE 1451 网络化智能传感器的通用建模方法及应用 [J]. 光学精密工程，2010，18 (8): 1914-1921.

[10] 周岳斌. IEEE 1451 混合接入模式下网络化智能传感系统建模与实现[D]. 广州：华南理工大学，2012.

[11] http：//www. nasa. gov/centers/dryden/news/X-Press/aerovations/2011/ fiber _ optic _ sensors. html.

[12] 付庆波. 复杂条件下短波近红外检测技术研究 [D]. 长春：吉林大 学，2012.

[13] 王硕. 注塑成型过程模腔内熔体流动速度与压力检测控制方法研究 [D]. 杭州：浙江大学，2013.

[14] 李刚，熊婵，赵丽英，等. 基于多维漫反射光谱技术的复杂混合溶液成分 检测 [J]. 光谱学与光谱分析，2012，32（2）：491-495.

[15] Perera A，Papamichail N，Bârsan N，et al. Online novelty detection by recursive dynamic principal component analysis and gas sensor arrays under drift conditions [J]. Sensors Journal，2006，6（3）：770-783.

[16] Rivara N，Dickinson P B，Shenton A T. A transient virtual-AFR sensor using the incylinderion current signal [DB/OL]. http：//www. sciencedirect. com/ science. [2009-1].

[17] Katsube T，Umetani S，Shi L Q，et al. Sensor fusion for taste sensor and odor sensor [J]. Chemical Senses，2005，30（1）：260-264.

[18] Mkuvr J，Moazzeni T，Jiang Y，et al. Detection algorithms for the Nano Nose [C]. 19th International Conference on Systems Engineering. 2008： 399-404.

[19] 蔡艳，杨海澜，许轲，等. 短路过渡弧焊过程稳定性在线评价模型设计 [J]. 上海交通大学学报，2005，39（7）：1038-1041.

[20] Artime C E C，de la Fuente J A B，et al. Online Estimation of Fresh Milk Composition by means of VISNIR Spectrometry and Partial Least Squares Method [C]. IEEE International Instrumentation and Measurement Technology Conference，Victoria，Vancouver Island，Canada，2008，5： 1-5.

[21] Zhang B，Deng L，Gao Q，et al. Fast discrimination of chocolate varieties using near infrared spectroscopy [C]. Proceedings of the IEEE International Conference on Automation and Logistics. Qingdao，China，2008，9：730-735.

[22] 徐惠荣，汪辉君，黄康，等. PLS 和 SMLR 建模方法在水蜜桃糖度无损检 测中的比较研究 [J]. 光谱学与光谱分析，2008，28（11）：2523-2526.

[23] Wold S，Kettaneh-Wold N，Skagerberg B. Nonlinear PLS modeling [J].

Chemometries and Intelligent Laboratory Systems，1989，7：53-65.

[24] 李春富. 基于数据的软测量建模方法及其应用的研究 [D]. 北京：清华大学，2004.

[25] 于晓栋，黄德先，王雄. 差分进化在基于非线性规划的多项式 PLS 中的应用 [J]. 化工自动化及仪表，2007，34（4）：14-17.

[26] Chou K C，Willsky A S，Benvensite A. Multiscale recursive estimation，data fusion and regularization [J]. IEEE Transactions on Automatic Control，1994，39（3）：464-478.

[27] Chou K C，Willsky A S，Nikoukhah R. Multiscale system，Kalman filter，and Riccati equations [J]. IEEE Transactions on Automatic Control，1994，39（3）：479-492.

[28] Basseville M，Benvensite A，Willsky A S. Multiscale autoregressive process，part I：Schur-Levinson parametrization [J]. IEEE Transactions on Signal Processing，1992，40（8）：1915-1934.

[29] Chou K，Golden S A，Willsky A S. Multiresolution stochastic models，data fusion and wavelet transform [C]. Signal Processing，1993，34（3）：257-282.

[30] Hong L. Multiresolution distributed filtering [J]. IEEE Transactions on Automatic Control，1994，39（4）：853-856.

[31] 潘泉，张磊，崔培玲，等. 一类动态多尺度系统的最优滤波 [J]. 中国科学（E 辑），2004，34（4）：433-447.

[32] 文成林，陈志国，闫莉萍，等. 基于多速率传感器动态系统的多尺度递归融合估计 [J]. 电子与信息学报，2003，25（3）：306-312.

[33] Li X L，Yao X. Multiscale statistical process monitoring in machining [J]. IEEE Transactions on Industrial Electronics，2005，52（3）：924-927.

[34] Truchetet F，Laliganto O. Review of industrial applications of wavelet and multiresolution based signal and image processing [J]. Electron Imaging，2008，17（9）：1412-1430.

[35] Mazid A M，Ali A B M S. Optotactile sensor for surface texture pattern identification using support vector machine [C]. 10th International Conference on Control，Automation，Robotics and Vision. Hanoi，Vietnam，2008，12：1830-1835.

［36］ Li Y G，Gui W H，Yang C H，et al. Distributed SVMs based soft sensor and its application for high pressure dissolving ［C］. Intelligent Control and Automation，2008：5611-5615.

［37］ Bombardier V，Mazaud C，Lhoste P，et al. Contribution of fuzzy reasoning method to knowledge integration in a defect recognition system ［J］. Computers in Industry，2007，58（4）：355-366.

［38］ 宋国民. 多分力车轮力传感器研究及其在汽车道路试验中的应用［D］. 南京：东南大学，2001.

［39］ 芦俊，陈俊杰，颜景平. 遗传算法在传感器非线性校正中的应用［J］. 传感器技术，2003，22（6）：56-57，61.

［40］ Jamaluddin H，Samad M F A，et al. Optimum grouping in a modified genetic algorithm for discrete-time，nonlinear system identification ［J］. Journal of Systems and Control Engineering，2007，221（7）：975-989.

［41］ Labarre D，Griveld E，Berthoumieu Y，et al. Consistent estimation of autoregressive parameters from noisy observations based on two interacting Kalman filters ［J］. Signal Processing，2006，86：2863-2876.

［42］ 文成林. 多尺度动态建模理论及其应用 ［M］. 北京：科学出版社，2008：1-20.

［43］ Shi J，Liu X G. Melt index prediction by neural soft-sensor based on multiscale analysis and principal component analysis ［J］. Chinese Journal of Chemical Eingerring，2005，13（6）：849-852.

［44］ 林继鹏，刘君华. 基于小波的支持向量机算法研究 ［J］. 西安交通大学学报，2005，39（8）：816-819.

［45］ Renaud O，Starck J L，Murtagh F. Wavelet-based combined signal filtering and prediction ［J］. IEEE Transactions on Systems，Man and Cybernetics Part B：Cybernetics，2005，35（6）：1241-1251.

［46］ 孙振明，姜兴渭，王晓锋，等. à Trous 小波在卫星遥测数据递归预测中的应用 ［J］. 南京理工大学学报，2004，28（6）：606-611.

［47］ 刘桂雄，李夏妮，周德光. 基于多尺度数值计算的传感信息解耦新方法 ［J］. 光学精密工程，2005，13：164-167.

［48］ 孙丹，秦贵和，董劲男，等. 基于最小二乘支持向量机的网络控制系统建模 ［J］. 吉林大学学报（理学版），2014，52（6）：1277-1283.

[49] Wang Z B, Zhou X, Zhao Y D, et al. Research on realtime driving method of shearer's remote monitoring platform [C]. International Conference Computer Science and Electronics Engineering, 2013: 1093-1097.

[50] 陈丹, 席宁, 王越超, 等. 广义预测控制方法在网络遥操作机器人系统中的应用 [J]. 机械工程学报, 2009, 45(3): 191-196.

[51] 董劲男, 秦贵和, 张晋东, 等. 基于多项式预测滤波理论的虚拟传感器构建 [J]. 仪器仪表学报, 2008, 29(7): 1408-1413.

[52] 王强, 谢林柏, 纪志成. 基于小波 ARMA 延迟预测的 Internet 远程控制 [J]. 计算机工程, 2007, 33(20): 122-124.

[53] Chen B, Zhang W A, Yu L. Distributed finite-horizon fusion Kalman filtering for bandwidth and energy constrained wireless sensor networks [J]. Signal Processing, 2014, 62(4): 797-812.

[54] Salmon D C, Bevly D M. An exploration of low-cost sensor and vehicle model solutions for ground vehicle navigation [C]. Position, Location and Navigation Symposium, 2014: 462-471.

[55] Wang X, Chen M, Kwon T, et al. Multiple mobile agent itinerary planning in wireless sensor networks: Survey and evaluation [J]. Institution of Engineering and Technology (S1536-1284), 2011, 5 (12): 1769-1776.

[56] 杜磊, 王文俊, 董存祥, 等. 基于多 Agent 的应急协同 Petri 网建模及协同检测 [J]. 计算机应用, 2010, 30 (10): 2567-2571.

[57] Chen M, Yang L T, Kwon T Y. Itinerary planning for energy efficient agent communications in wireless sensor network [J]. Vehicular Technology Society (S0018-9545), 2011, 60 (7): 3290-3299.

[58] Haken H. Future trends in synergetics [J]. Solid State Phenomena, 2004, 97-98: 3-10.

[59] Chai W N, Chen C, Edwan E, et al. 2D/3D indoor navigation based on multi-sensor assisted pedestrian navigation in Wifi environments [C]. Ubiquitous Positioning, Indoor Navigation, and Location Based Service (UPINLBS), 2012: 1-7.

[60] Hong X B, Liu G X, Chen T Q. Study on multi-sensor synergetic measurement mechanism based on synergetics [C]. Proceedings of 4th International Symposium on Precision Mechanical Measurements, Hefei, China, 2008.

[61] Lee K. IEEE 1451: A standard in support of smart transducer networking [C]. 17th IEEE Instrumentation and Measurement Technology Conference "Smart Connectivity: Integrating Measurement and Control", Piscataway, NJ, USA, 2000, 5: 525-528.

[62] Institute of Electrical and Electronics Engineers. IEEE Standard for a Smart Transducer Interface for Sensors and Actuators Common Functions, Communication Protocols, and Transducer Electronic Data Sheet (TEDS) Formats [S]. IEEE Std1451.0-2007, New York, 2007.

[63] Huang G J, Liu G X, Chen G X, et al. Self recovery method based on auto associative neural network for intelligent sensors [C]. 8th World Congress on Intelligent Control and Automation, 2010, 7: 6918-6922.

[64] 黄国健. 网络化嵌入式智能传感基础理论研究及应用 [D]. 广州：华南理工大学.

[65] Liu G L, Chen G X, Zhou Y B. SPWD based IEEE 1451.2 smart sensor self recognition mechanism and realization [J]. Procedia Engineering, 2012, 29 (2): 2501-2505.

[66] 洪晓斌, 刘桂雄, 吕艺行, 等. 以太网智能测控系统的 XML 数据交换接口设计 [J]. 华南理工大学学报, 2006, 34 (7): 55-59.

[67] Ye T D, Liu G X. Data exchanging technology of intelligent measuring and control system based on IPv6 and XML [J]. Advance in Information Sciences and Service Sciences, 2012, 4 (15): 213-220.

[68] 叶廷东, 黄国健, 洪晓斌. 基于 IEEE 1451 的智能监控系统数据交换技术研究 [J]. 计算机应用, 2013, 33 (4): 1183-1186.

[69] 叶廷东, 彭选荣, 黄晓红, 等. 基于物联网的室内微环境智能监测系统 [J]. 自动化与信息工程, 2016, 37 (1): 23-28.

[70] 叶廷东, 赖晶亮, 高艺康, 等. 室内环境智能多气体传感器系统建模方法研究 [J]. 广东轻工职业技术学院学报, 2016, 15 (2): 1-5.

[71] 叶廷东, 程韬波, 周松斌. 海洋水环境网络化智能监测系统的建模设计研究 [J]. 计算机测量与控制, 2014, 22 (6): 1697-1699.

[72] 叶廷东, 黄晓红, 汪清明. 基于统一时间基准的网络化微应变监测研究 [J]. 中国测试, 2017, 43 (7): 92-96.

[73] Dieterle F, Busche S, Gauglitza G. Different approaches to multivariate

calibration of nonlinear sensor data [J]. Analytical and Bioanalytical Chemistry, 2004, 380 (3): 383-396.

[74] 李军会, 秦西云, 张文娟, 等. 局部偏最小二乘回归建模参数对近红外检测结果的影响研究 [J]. 光谱学与光谱分析, 2007, 27 (2): 262-264.

[75] Liu F, He Y, Wang L. Discrimination of varieties of yellow wines by using vis/NIR spectroscopy and PLS-BP model [C]. Control and Automation, 2007, 5: 1492-1495.

[76] Jun C H, Lee S H, Park H S, et al. Use of partial least squares regression for variable selection and quality prediction [C]. Computers and Industrial Engineering, 2009: 1302-1307.

[77] 丁光辉. PLS 和 GA 应用于部分有机污染物的 QSAR 研究 [D]. 大连: 大连理工大学, 2006.

[78] Ye T D, Liu G X, Hong X B. A NPLS modeling method of outer-inner polynomial model based on variable selection [J]. Mechanic Automation and Control Engineering, 2010, (6): 3229-3233.

[79] 程海鹏, 薛建华, 王君晖. 生物中的超微弱发光 [J]. 生物学通报, 1999, 34 (11): 15-16.

[80] 叶廷东, 洪晓斌. 基于偏最小二乘的鱼类超微弱发光建模方法研究 [J]. 计算机应用研究, 2013, 30 (10): 110-113.

[81] 刘桂雄, 林绪洪. 鱼类超微弱发光的偏最小二乘回归分析与建模[J]. 华南理工大学学报 (自然科学版), 2006, 34 (11): 29-32.

[82] 叶廷东, 黄国健. IEEE 1451 智能传感器多传感信息自校正方法研究[J]. 传感技术学报, 2013, 26 (2): 211-215.

[83] 叶廷东, 刘桂雄, 洪晓斌. 基于多尺度逼近的多维传感信息解耦新方法 [J]. 华南理工大学学报 (自然科学版), 2009, 37 (4): 86-89.

[84] Ye T D, Liu G X. An interpolation decoupling method of multi-sensing information based on variance [J]. Advanced Materials and Iinformation Technology Processing, 2001, (3): 669-674.

[85] Benvensite A, Nikoukhah R, Willsky A S. Multiscale system theory [C]. 29th IEEE Conference on Decision and Control, Honolulu, HI, 1990: 2484-2487.

[86] 文成林, 陈志国, 闫莉萍, 等. 基于多速率传感器动态系统的多尺度递归

融合估计 [J]. 电子与信息学报，2003，25（3）：306-312.

[87] Renaud O，Starck J L，Murtagh F. Prediction based on a multiscale decomposition [J]. Int. J. Wavelets，Multires. And Inform Process，2003，1（2）：217-232.

[88] 张弦，王宏力. 基于最优分解尺度的静态提升小波去噪方法[J]. 中国电机工程学报，2009，35（3）：501-508.

[89] Kaew pijit S，Le moigne J，El-Ghazawi T. Automatic reduction of hyperspectral imagery using wavelet spectral analysis [J]. IEEE Transactions on Geoscience and Remote Sensing，2003，41（4）：863-871.

[90] 刘桂雄，李夏妮，周德光. 基于多维插值补偿其他因素对传感特性影响的数学方法 [J]. 光学精密工程，2004，12（3）：258-261.

[91] 仲崇权，董西路，张立勇，等. 多传感器测量中方差估计 [J]. 数据采集与处理，2003，18（4）：412-417.

[92] Roal J R，Girja G. Sensor data fusion algorithms using square root information filtering [J]. IEEE Proc Radar Sonar Naving，2004，149（2）：89-96.

[93] 李华山，丁玮，齐东旭. 多结点样条插值及其多尺度细化算法 [J]. 中国图象图形学报，1997，2（10）：701-706.

[94] 刘桂雄，李夏妮，周德光. 基于多尺度数值计算的传感信息解耦新方法 [J]. 光学精密工程，2005，13：164-167.

[95] 姜力，刘宏，蔡鹤皋. 多维力/力矩传感器静态解耦的研究[J]. 仪器仪表学报，2004，25（3）：284-288.

[96] 余建德，黄静. 基于多结点样条的自由曲线最小误差逼近及其应用 [J]. 工程图学学报，2010，（1）：88-93.

[97] 夏薇，王科荣，廖小平，等. 喷漆机器人虚拟示教系统中喷枪轨迹插补点位姿的算法及应用研究 [J]. 现代制造工程，2009，（10）：11-16.

[98] 丁立军，戴曙光，穆平安，等. 基于给定精度的空间 B 样条曲线弧长分段点求取方法 [J]. 计算机应用，2013，33（5）：1398-1400.

[99] 黄国健，刘桂雄，洪晓斌，等. 基于鲁棒估计的动态传感数据校正方法 [J]. 自动化与信息工程，2009，4：6-9.

[100] Kaewpijit S，Moigne J L，El-Ghazawi T. Automatic reduction of hyperspectral imagery using wavelet spectral analysis [J]. IEEE Transactions on Geoscience and Remote Sensing，2003，41（4）：863-871.

[101] 赵世锋, 张涛, 范耀祖. 基于 à Trous 算法的 MEMS 陀螺仪随机漂移建模 [J]. 中国惯性技术学报, 2007, 2: 96-99.

[102] Ahmet B, Ambuj K. Singh, SWAT: Hiearchical stream summarization in large networks [C]. 19th International Conference on Data Engineering, 2003: 303-314.

[103] Kong Y H, Yuan J S, et al. Online prediction of time series using incremental wavelet decomposition and surport vector machine [C]. DRPT, 2008: 2388-2402.

[104] 龚斌, 金文, 李兆南, 等. 不同小波基在碳钢材料声发射信号分析中的应用 [J]. 仪器仪表学报, 2008, 29 (3): 506-511.

[105] Labarre D, Grivel E, Berthoumieu Y, et al. Consistent estimation of autoregressive parameters from noisy observations based on two interacting Kalman filters [J]. Signal Processing, 2006, 86: 2863-2876.

[106] 叶廷东, 程韬波, 刘桂雄. MEMS 气敏传感信息的动态预测补偿方法 [J]. 中国测量, 2014, 40 (7): 1-5.

[107] 叶廷东. WSN 流量的双卡尔曼并行递推预测算法研究 [J]. 计算机技术与发展, 2012, 22 (10): 165-168, 172.

[108] 周中良, 于雷, 潘泉. 综合化多传感器空间管理模型与算法研究 [J]. 传感器技术学报, 2007, 20 (11): 256-259.

[109] Rhee I K, Lee J, Kim J, et al. Clock synchronization in wireless sensor networks: An Overview [J]. Sensors, 2009, 9 (1): 56-85.

[110] 韩永朋, 安勇, 牟荣增, 等. 基于自动校准的 WSNs 时间同步算法 [J]. 传感器与微系统, 2013, 32 (8): 128-130.

[111] 吴宝明, 李声飞. 基于最优线性拟合的 WSN 时间同步算法研究 [J]. 传感技术学报, 2010, 23 (12): 1787-1791.

[112] Ye T D, Wang Q M, Peng X R. Self-calibration time synchronization algorithm of WSN based on piecewise fitting [C]. 36th Chinese Control Conference, 2017.

[113] 叶廷东, 黄晓红, 汪清明. 基于统一时间基准的网络化微应变监测研究 [J]. 中国测试, 2017, 43 (7): 92-96.

[114] 仲崇权, 张立勇, 杨素英, 等. 基于最小二乘原理的多传感器加权融合算法 [J]. 仪器仪表学报, 2003, 24 (4): 427-430.

[115] 危遂薏，刘桂雄. 一种同质的多传感数据融合新方法 ［J］. 传感器技术，2004，23 (8)：61-63.

[116] 刘敏华，萧德云. 基于相似度的多传感器数据融合 ［J］. 控制与决策，2004，19 (5)：534-537.

[117] Condry M W, Nelson C B. Using smart edge IOT devices for safer, rapid response with industry IOT control operations ［J］. Proceedings of the IEEE, 2016, 104 (5)：938-946.

[118] Memb G, Cela A, Hamam Y. Optimal integrated control and scheduling of networked control systems with communication constraints：Application to a carsuspension system ［J］. IEEE Transactions on Control Systems Technology, 2006, 14 (4)：776-787.

[119] Zhou Y B, Liu G X, Zhu H B. Networked intelligent sensor system load balance based on PPGMCP algorithm ［J］. Journal of Applied Sciences, 2013, 13 (9)：1551-1557.

[120] Alberto B, Stefano D C, Erik H. Hybrid model predictive control based on wireless sensor feedback：An experimental study ［J］. International Journal of Robust and Nonlinear Control, 2010, 20 (2)：209-225.

[121] 许建龙，刘桂雄. 基于 MLD 的物联网感知层行为建模方法 ［J］. 中国测试，2013，39 (5)：110-115.

[122] 李秉权，张松，王兆伟，等. WFQ 与 WRR 调度算法的性能分析与改进 ［J］. 北京理工大学学报，2015，35 (3)：316-320.

[123] Kanhere S, Sethu H. Low latency guaranteed rate scheduling using elastic round robin ［J］. Computer Communications, 2002, 25 (14)：1315-1322.

[124] Zhang X, Ni G Q, Jin F L. A new WRR algorithm based on ideal packet interval time ［C］. International Conference on Intelligent Computation Technology and Automation, Shenzhen China, 2011：1039-1042.

[125] Vasiliadis D C, Rizos G E, Vassilakis C. Class-based weighted fair queuing scheduling on dual-priority delta networks ［J］. Journal of Computer Networks and Communications, 2012, (5)：1-13.

[126] 胡荣，杨春，何军. 基于无线传感器网络的业务流调度算法 ［J］. 通信技术，2010，43 (5)：210-212.

[127] 熊李艳，张胜辉. WRR 算法在多类别实时数据流调度中的优化［J］. 计算

机工程与科学，2012，34（7）：35-38.

[128] 甘经纬. QoS 原理与使用以及其中 WRR 策略的设计与实现. 星网锐捷：编号 00-6201-100，2011.

[129] 许登元，刘文杰，窦军. PFTS 交换中借还-加权轮询调度算法 [J]. 四川大学学报（自然科学版），2005，42（5）：921-924.

[130] 刘敬光，刘桂雄，洪晓斌，等. 基于协同论的网络测控系统协同机制分析 [J]. 现代制造工程，2006，(5)：95-98.

[131] 刘敬光，刘桂雄，周德光，等. SNN 算法在测量信息处理中的应用 [J]. 现代制造工程，2006，(10)：90-92.

[132] 洪晓斌，刘桂雄，程韬波，等. 协同学理论在多传感测量系统中的潜在发展 [J]. 现代制造工程，2009，(4)：74-78.

[133] 刘桂雄，邝泳聪，金军. 基于测频测周方法集成的高分子湿度仪[J]. 华南理工大学学报，2001，29（3）：39-42.

[134] Hu C P, Hong X B, Ye T D, et al. Online test system of liquefied ethanol concentration based on soft-sensing technique [J]. Science Technology and Engineering，2008，5：1183-1187.

[135] 黄操，孙振国，陈强，等. 移动式修焊机器人双 DSP 嵌入式视觉反馈控制系统 [J]. 清华大学学报（自然科学版），2009，49（2）：198-201.

[136] Lu Z Q, Zhang X, Sun C L. An embedded system with uclinux based on FPGA [C]. IEEE Pacific-Asia Workshop on Computational Intelligence and Industrial Application，2008：691-694.

[137] 刘桂雄，洪晓斌，刘劲光，等. 基于 XML 的 IP 智能测控系统跨平台思想的实现 [J]. 制造业自动化，2006，28（4）：4-7.

[138] 叶廷东，黄国健，洪晓斌. 基于 IEEE 1451 的智能监控系统数据交换技术研究 [J]. 计算机应用，2013，33（4）：1183-1186.

[139] Ye T D, Liu G X. Data exchanging technology of intelligent measuring and control system based on IPv6 and XML [J]. Advance in Information Sciences and Service Sciences，2012，4（15）：213-220.

[140] 王端，傅丰. 牵引变电所综合自动化系统中实时数据库技术 [J]. 合肥工业大学学报，2009，32（9）：1357-1361.

[141] 侯迪波. 流程工业 CIMS 中 GIS 技术的应用 [J]. 仪器仪表学报，2005，26（8）：6-10.

［142］叶廷东，刘桂雄，胡长鹏，等．用于液态浓度在线监测的气液平衡建模机理［J］．科学技术与工程，2007，7：3889-3892.

［143］洪晓斌，刘桂雄，叶廷东，等．基于 INLR-PPLS 的非线性多传感信息建模新方法［J］．华南理工大学学报（自然科学版），2009，37（8）：56-60.